5G 无线通信系统的关键技术分析研究

张守叶 著

中国原子能出版社

图书在版编目（CIP）数据

5G无线通信系统的关键技术分析研究/张守叶著
. --北京：中国原子能出版社，2023.3
ISBN 978-7-5221-1707-2

Ⅰ. ①5... Ⅱ. ① 张... Ⅲ. ① 第五代移动通信系统-
研究 Ⅳ. ① TN929.538

中国国家版本馆 CIP 数据核字（2023）第 041928 号

5G无线通信系统的关键技术分析研究

出版发行	中国原子能出版社（北京市海淀区阜成路43号　100048）
责任编辑	王　蕾
责任印制	赵　明
印　　刷	北京九州迅驰传媒文化有限公司
经　　销	全国新华书店
开　　本	787mm×1092mm　1/16
印　　张	10.75
字　　数	229千字
版　　次	2024年1月第1版　　2024年1月第1次印刷
书　　号	ISBN 978-7-5221-1707-2　　定　价　68.00元

前　言

第五代移动通信（5G）承载着"万物互联"的愿景，是面向未来的关键基础设施，也是众多潜在创新、应用的重要使能平台。

业界关于5G的讨论开始于2012年。在许多讨论中，术语"5G"用于指代特定的第五代无线通信技术。但是，5G还经常在更广泛的环境中使用，除了通信技术之外，还常用于指代下一代移动通信所能够提供的各种服务和创新，及其所承载的愿景。

本书将聚焦5G移动通信网络，系统介绍5G网络架构、关键技术、组网实践，并力求兼顾完整性、前瞻性和实用性。

本书属于5G无线通信系统技术方面的著作，介绍了5G系统概述、需求、网络架构，以及潜在关键技术，主要内容包括5G移动通信技术概述；5G网络技术；调制解调技术；多址接入与抗衰落技术；覆盖增强技术；新型网络技术；5G通信技术的融合与应用等系统呈现了关于5G无线通信的思考。本书致力对5G现代通信的新技术进行全面的阐述，同时对5G技术的融合与应用进行了展望。对从事通信、电子信息类相关专业的研究学者与5G无线技术工作者有学习和参考的价值。

5G架构设计、技术研究、标准制定由业界合力完成，凝聚着全行业的智慧与努力。在此基础之上，我们做了进一步的分析、梳理，既是对我们工作的总结，也希望能够对5G产业做出一份绵薄的贡献。尽管已在取材和立意上做了许多工作，但也难免出现不妥和错误之处，请读者不吝赐教。

目　录

第一章　5G 无线移动通信基础分析 ······················· 1
　　第一节　移动通信概述 ······························· 1
　　第二节　5G 移动通信 ······························· 6

第二章　5G 网基础构建 ······························· 14
　　第一节　5G 概念分析 ······························· 14
　　第二节　5G 需求分析 ······························· 18
　　第三节　5G 整体网络架构分析 ······················· 27

第三章　调制解调技术 ······························· 38
　　第一节　调制解调技术概述 ··························· 38
　　第二节　最小移频键控 ······························· 42
　　第三节　高斯最小移频键控 ··························· 44
　　第四节　QPSK 调制及高阶调制 ······················· 46

第四章　多址接入与抗衰落技术 ························· 52
　　第一节　多址接入技术 ······························· 52
　　第二节　分集技术 ································· 54
　　第三节　均衡技术 ································· 59
　　第四节　扩频通信 ································· 60

第五章　覆盖增强技术 ······························· 62
　　第一节　LTE 覆盖增强 ······························· 62
　　第二节　D2D 通信系统 ······························· 66
　　第三节　M2M 技术 ································· 73
　　第四节　其他技术 ································· 79

第六章　新型网络技术 ······························· 86
　　第一节　新型网络架构 ······························· 86
　　第二节　自组织网络技术 ····························· 92
　　第三节　情境感知技术 ······························· 97
　　第四节　超密集异构网络技术 ························· 103

第七章　5G 承载网规划与建设 ························· 109
　　第一节　基于 SPN 的 5G 承载网规划与建设 ············· 109
　　第二节　基于 IP RAN 升级的 5G 承载网规划 ··········· 114
　　第三节　基于 SDN 的固移融合承载规划设计 ··········· 118

第八章　基于 5G、大数据、AI 的数字网络新型基础设施建设 …………………… 132
　　第一节　数字中国新型基础设施整体架构 …………………………………… 132
　　第二节　5G 架构 ………………………………………………………………… 134
　　第三节　大数据架构 …………………………………………………………… 139
　　第四节　AI 架构 ………………………………………………………………… 141

第九章　5G 通信未来的发展 …………………………………………………………… 146
　　第一节　从应用的趋势谈起 …………………………………………………… 146
　　第二节　政府对于无线与移动通信的推动 …………………………………… 148
　　第三节　无线传感器网络 ……………………………………………………… 151
　　第四节　二维码 ………………………………………………………………… 156
　　第五节　云计算 ………………………………………………………………… 157
　　第六节　认识物联网 …………………………………………………………… 160
　　第七节　软件定义无线电 ……………………………………………………… 163

参考文献 ………………………………………………………………………………… 165

第一章 5G无线移动通信基础分析

第一节 移动通信概述

一、通信与移动通信

（一）通信

1. 通信的概念

通信在不同的环境下有不同的解释。在出现电波传递通信之后，通信被单一地解释为信息的传递，是指由一地向另一地进行信息的传输与交换，其目的是传输消息。然而，在人类实践过程中，随着社会生产力的发展，通信对传递消息的要求不断提升，从而推动人类文明不断进步。在各种各样的通信方式中，利用"电"来传递消息的通信方法称为电信，这种通信方式具有迅速、准确、可靠等特点，而且几乎不受时间、地点、空间、距离的限制，因此得到了飞速发展和广泛应用。

在古代，人们通过驿站、飞鸽传书、烽火报警、符号、身体语言、眼神、触碰等方式进行信息传递。随着现代科学水平的飞速发展，相继出现了无线电、固定电话、移动电话、互联网，甚至视频电话等各种通信方式。通信技术拉近了人与人之间的距离，提高了经济效率，深刻地改变了人类的生活方式和社会面貌。

2. 通信方式

通信方式，既包括古代的通信方式，也包括近代和现代的通信方式。古代的通信方式以视觉声音传递为主，如烽火台、击鼓、旗语；近代的通信方式以实物传递为主，如驿站快马接力、信鸽、邮政通信等；现代通信方式往往以电信方式为主，如电报、电话、快信、短信、E-mail等。

对于远距离通信来说，以前的通信方式最快也要几天的时间，而现代通信注重即时通信。作为自然科学来说，邮政通信更能体现人与自然的和谐与沟通，但是，在当今注重经济利益的时代，人们往往以经济利益优先，因此邮政通信相对即时通信逐渐被淘汰。

3. 通信的分类

（1）按传输媒质分类

通信方式可以分为有线通信和无线通信两种。有线通信是指传输媒质为导线、电缆、光缆、波导、纳米材料等形式的通信方式，其特点是媒质能看得见、摸得着（如明线通信、电缆通信、光缆通信、光纤光缆通信）。无线通信是指传输媒质看不见、摸不着（如电磁波）的一种通信方式（如微波通信、短波通信、移动通信、卫星通信、散射通信）。

（2）按信道中传输的信号分类

通信方式可以分为模拟信号和数字信号两种。模拟信号有时也称连续信号（这里的连续是指信号的某一参量可以连续变化），主要是指凡信号的某一参量（如连续波的振幅、频率、相位，脉冲波的振幅、宽度、位置，等等）可以取无限多个数值，且直接与消息相对应。数字信号也称离散信号，是指凡信号的某一参量只能取有限个数值，并且常常不直接与消息相对应。

（3）按工作频段分类

通信方式可以分为长波通信、中波通信、短波通信、微波通信。

（4）按调制方式分类

通信方式可以分为基带传输和频带传输两种。基带传输是指信号没有经过调制而直接送到信道中传输的通信方式。频带传输是指信号经过调制后再送到信道中传输，且接收端有相应解调措施的通信方式。

（5）按通信双方的分工及数据传输方向分类

对于点对点之间的通信，按消息传送的方向，通信方式可分为单工通信、半双工通信及全双工通信三种。单工通信是指消息只能单方向传输的一种通信工作方式，如广播、遥控、无线寻呼等，其信号（消息）只从广播发射台、遥控器和无线寻呼中心分别传到收音机、遥控对象和 BP 机上。半双工通信方式是指通信双方都能收发消息，但不能同时进行收和发的工作方式。例如，对讲机、收发报机等都是采用半双工通信方式。全双工通信是指通信双方可同时进行消息双向传输的工作方式，如普通电话、手机等。在这种方式下，双方都可同时收发消息。显然，全双工通信的信道必须是双向的。

（二）移动通信

1. 移动通信的概念

移动通信是指移动体之间的通信，或移动体与固定体之间的通信，通信双方需有一方或两方处于运动中，包括陆、海、空移动通信。移动体可以是人或者汽车、火车、轮船、收音机等处在移动状态中的物体。移动通信采用的频段包括低频、中频、高频、甚高频和特高频。

移动通信系统由移动台、基台、移动交换局组成。若要同某移动台通信，移动交换局需通过各基台向全网发出呼叫，被叫台收到后发出应答信号，移动交换局收到应答后分配一个信道给该移动台，并从此话路信道中传送一信令使其振铃。

2. 移动通信的相关特点

（1）移动性

移动性是指要保持物体在移动状态中的通信，因此它必须是无线通信，或无线通信与有线通信的结合。

（2）电波传播条件复杂

因为移动体可能在各种环境中运动，所以电磁波在传播时会产生反射、折射、绕射、多普勒效应等现象，以及多径干扰、信号传播延迟和展宽等效应。

（3）噪声和干扰严重

例如，城市环境中的汽车火花噪声、各种工业噪声，移动用户之间的互调干扰、邻道干扰、同频干扰等。

（4）系统和网络结构复杂

移动通信系统是一个多用户通信系统和网络，必须使用户之间互不干扰，能协调一致地工作。另外，移动通信系统还应与市话网、卫星通信网、数据网等互联，因此整个网络结构是很复杂的。

3．移动通信的分类

（1）集群移动通信

集群移动通信，也称大区制移动通信。它的特点是只有一个基站，天线高度为几十米至百余米，覆盖半径为 30 km，发射机功率可高达 200 W，用户数为几十人至几百人，可以是车载台，也可以是手持台。用户可以与基站通信，也可通过基站与其他移动台及市话用户通信，基站与市站通过有线网连接。

（2）蜂窝移动通信

蜂窝移动通信，也称小区制移动通信。它的特点是把整个大范围的服务区划分成许多小区，每个小区设置一个基站，负责本小区各个移动台的联络与控制，各个基站通过移动交换中心相互联系，并与市话局连接。利用超短波电波传播距离有限的特点，离开一定距离的小区可以重复使用频率，从而使频率资源可以充分利用。每个小区的用户数在 1000 人以上，全部覆盖区最终的容量可达 100 万用户。

（3）卫星移动通信

利用卫星转发信号也可实现移动通信，车载移动通信可采用赤道固定卫星，而手持终端采用中低轨道的多颗星座卫星则较为有利。

（4）无绳电话移动通信

无绳电话是全双工无线电台与有线市话系统及逻辑控制电路的有机组合。它能在有效的场强空间内通过无线电波媒介，实现副机与座机之间的“无绳”联系。对于室内外慢速移动的手持终端的通信，可采用小功率、通信距离较近以及轻便的无绳电话机，它们可以经过通信点与市话用户进行单向或双向的通信。

（5）模拟移动通信和数字移动通信

使用模拟识别信号的移动通信，称为模拟移动通信。为了解决容量增加问题，同时提高通信质量和增加服务功能，如今大多使用数字识别信号，即数字移动通信。数字移动通信在制式上有时分多址（Time Division Multiple Access，TDMA）和码分多址（Code Division Multiple Access，CDMA）两种，前者包括欧洲的 GSM（全球移动通信系统，Global System for Mobile Communication）、北美的双模制式标准 IS-54 和日本的 JDC 标准。

二、移动通信的特点

（一）移动通信必须利用无线电波进行信息传输

利用无线电波这种传播媒质能够允许通信中的用户在一定范围内自由活动，其位置不受束缚，不过无线电波的传播特性一般都很差。

1. 移动通信的运行环境复杂

移动通信的运行环境十分复杂，电波不仅会随着传播距离的增加而发生弥散和损耗，也会受到地形、地面物体的遮蔽而发生"阴影效应"。同时，信号经过多点反射，会从多条路径到达接收地点。这种多径信号的幅度、相位和到达时间都不同，它们相互叠加会产生电平衰落和时延扩展。

2. 移动通信的移动性

移动通信常常在快速移动中进行，这不但会引起多普勒频移，产生随机调频，而且会使电波传播特性产生快速的随机起伏，严重影响通信质量。因此，移动通信系统必须根据移动信道的特征进行合理的设计。

（二）移动通信是在复杂的干扰环境中运行的

除一些常见的外部干扰，如天电干扰、工业干扰和信道噪声外，系统本身和不同系统之间还会产生多种形式的干扰。在移动通信系统中，常常有多部用户电台在同一地区工作，基站还会有多部收发信机在同一地点工作，这些电台之间会产生干扰。由于移动通信网所采用的制式不同，产生的干扰也会有所不同（有的干扰在某一制式中容易产生，而在另一制式中不会发生）。简而言之，这些干扰有邻道干扰、互调干扰、共道干扰、多址干扰，以及远近效应等。因此，在移动通信系统中，如何减小这些有害干扰的影响至关重要。

（三）移动通信需要有效地利用频谱资源

移动通信业务量的需求与日俱增，但移动通信可以利用的频谱资源十分有限。如何提高通信系统的通信容量，始终是移动通信发展中的焦点。为了解决这一矛盾，一方面要开辟和启用新的频段；另一方面要研究各种新技术和新措施，以压缩信号所占的频带宽度，提高频谱利用率。总之，移动通信无论是从模拟向数字过渡，还是向新一代发展，都离不开新技术的支持。另外，有限频谱的合理分配和严格管理是有效利用频谱资源的前提，这也是国际上各国频谱管理机构和组织的重要职责。

（四）网络管理和控制必须有效

移动通信系统的网络结构多种多样，因此，网络管理和控制必须有效。根据通信地区的不同需要，移动通信网络可以组成带状（如铁路、公路沿线）、面状（如覆盖一个城市或地区）或立体状（如地面通信设施与中、低轨道卫星通信网络的综合系统）等。移动通信网络可以单网运行，也可以多网并行并实现互联互通。总之，移动通信网络必须具备很强的管理和控制功能。例如，用户的登记和定位，通信（呼叫）链路的建立和拆除，信道的分配和管理，通信的计费、鉴权、安全和保密管理，以及用户过境切换和漫游的控制等。

（五）移动通信设备必须适合在移动环境中使用

移动通信设备（主要是移动台）必须适合在移动环境中使用。手机的主要特点是体积小、重量轻、省电、操作简单和携带方便。车载台和机载台除要求操作简单和维修方便外，还应保证在振动、冲击、高低温变化等恶劣环境中可以正常工作。

三、通信产业的发展

（一）古代通信的产生

同物质和能量一样，信息自古以来就是人类赖以生存和发展的基础资源。通信的实质是使信息能够有效传递。在远古时代，语言文字没有被发明之前，通信的内容就是符号，介质就是如石子一样的东西，而在古代，文字、烽火及驿站等被作为主要的沟通和通信方式。古代战争，烽火就是重要的沟通和通信工具，如边境告急，寻求朝廷派兵增援，或国都遇袭，征诸侯兵马；随后书信成为名副其实的沟通工具，邮政业务成为延续几个世纪的通信主要方式。

（二）电报与电话时代

现代通信技术的产生和社会经济的实际需要是通信产业发展的根本原因。19世纪初期，信息传递仍然使用邮政传输文本或者口头信息。随着欧洲航海时代的来临，人类社会经济活动的空间得到了极大的拓展。蒸汽机的改良与广泛使用，标志着第一次工业革命及大机器工业时代的到来，人类活动能力得到了极大的提升。

1837年，美国人莫尔斯发明了电报。电报的发明具有划时代的意义，它使人们实现了使用电磁信号远距离传送信息的理想。

19世纪被称为电报的世纪，电报在全球得到了广泛的应用，电报的产生促使了现代通信产业的萌芽。

1876年，波士顿大学语音学教授贝尔发明了电话装置。电话的发明使人们不必经过专业的编码和译码从而直接传递自己的声音，打破了电报只能传递电码的局限性。电话发明后，用户数量迅速地增长。

从 19 世纪末到 20 世纪 80 年代，电话网在全球范围内迅速扩展开来，用户数量呈几何式增长，电话普及率不断提高。到 20 世纪 80 年代，全球电话用户总数就已超过 10 亿人。电话的发明大大地加快了信息的传递速度，扩大了信息的传递范围，使人类的通信方式相较传统的通信技术手段产生了质的飞跃。

(三) 现代通信时代

20 世纪 80 年代，全世界引发了移动通信建设和消费浪潮，移动电话正式投入商用。进入 20 世纪 90 年代，移动电话逐渐颠覆了以固定电话业务为主的模式，其业务发展十分迅速。据统计，从 1996 年起，全球每年新增的移动电话用户数量已超过新增的固定电话用户数量。从 1995 年到 1998 年，全球的移动电话用户数量增长了 13 倍。

如今，随着电信技术、互联网技术等信息技术的发展，电信业务从固定电话和移动电话等传统业务领域拓展到了电信增值业务、互联网宽带接入、融合业务、移动互联网等领域，电信业务的需求也随着人们的需求进一步拓深，电信业务将深刻地改变人们的生活方式。

第二节　5G 移动通信

一、5G 发展的必要性

(一) 5G 的需求

1. 5G 的业务需求

5G 面向的业务形态已经发生了巨大的变化：传统的语音、短信业务逐步被移动互联网业务所取代；云计算的发展使业务的核心放在云端，终端和网络之间主要传输控制信息；海量数据连接，超低时延业务，超高清视频、虚拟现实业务、物联网业务带来了远超 1 Gbit/s 的速率需求……原有的 4G 技术均无法满足这些业务需求，因此，期待 5G 能够解决。

(1) 云业务的需求

目前，云计算已经成为一种基础的信息架构，基于云计算的业务也层出不穷，如桌面云、游戏云、云存储、云备份、云加速、云下载和云同步等已经拥有了上亿用户。未来移动互联网的基础是云计算，如何满足云计算的需求，是 5G 发展中必须考虑的问题。不同于传统的业务模式，云计算的业务部署在云端，终端和云端之间大量采用信令交互，信令的时延、海量的信令数据等都对 5G 提出了巨大的挑战。云业务要求 5G 端到端时延小于 5 ms，数据速率大于 1 Gbit/s。

（2）高清视频的需求

高清视频，即现在的 HDTV。HDTV 是 DTV 标准中最高的一种，即 High Definition TV，故称为 HDTV。HDTV 规定，视频必须至少具备 720 线非交错式（720p，即常说的逐行）或 1080 线交错式（1080i，即常说的隔行）扫描（DVD 标准为 480 线），屏幕长宽比为 16：9。音频输出为 5.1 声道（杜比数字格式），同时能兼容接收其他较低格式的信号，并且能够进行数字化处理重放。

现在，高清视频已经成为人们的基本需求，高清视频将成为 5G 网络的标配业务。不仅如此，保证用户在任何地方都可以欣赏到高清视频，即移动用户随时随地就能在线获得超高速的、端到端的通信速率，这也是 5G 面临的更大挑战。

（3）虚拟现实的需求

虚拟现实（Virtual Reality，VR）技术，也称灵境技术或人工环境技术，是指利用电脑模拟产生一个三度空间的虚拟世界，提供使用者关于视觉、听觉、触觉等感官的模拟，让使用者如同身临其境，可以及时、无限制地观察三度空间内的事物。使用者进行位置移动时，电脑可以立即进行复杂的运算，将精确的 3D 世界影像传回以产生临场感。利用虚拟现实技术看到的场景和人物全是假的，是把人的意识代入一个虚拟的世界。

近年来，迪士尼、Facebook、三星、微软、Google 等国际巨头公司纷纷在虚拟现实领域布局，如迪士尼的"Cave"（洞穴）投影仪，Facebook 的 Oculus Rift 头盔，微软推出的 HoloLens 眼镜，等等。并且，全球也涌现出一大批相关创业企业。

要满足虚拟现实和浸入式体验，相应的视频分辨率需要达到人眼的分辨率，网络速率必须达到 300 Mbit/s 以上，端到端时延要小于 5 ms，移动小区吞吐量要大于 10 Gbit/s。

（4）物联网的需求

物联网是新一代信息技术的重要组成部分，也是"信息化"时代的重要发展阶段。顾名思义，物联网就是物物相连的互联网。它有两层意思：其一，物联网的核心和基础仍然是互联网，是在互联网基础上的延伸和扩展的网络；其二，其用户端延伸和扩展到了任何物品与物品之间，进行信息交换和通信，也就是物物相息。

物联网通过智能感知、识别技术与普适计算等通信感知技术，广泛应用于网络的融合中，也因此被称为继计算机、互联网之后世界信息产业发展的第三次浪潮。物联网是互联网的应用拓展，与其说它是网络，不如说是业务和应用。物联网用途广泛，遍及智能交通、环境保护、政府工作、公共安全、平安家居、智能消防等多个领域。

5G 之前的移动通信是一种以人为中心的通信，而 5G 将围绕人和周围的事物，是一种万物互联的通信。5G 需要考虑 IOT（Internet of Things）业务（如汽车通信和工业控制等 M2M 业务），IOT 带来海量的数据链接，5G 对海量传感设备及机器与机器通信（Machine to Machine，M2M；Machine Type Communication，MTC）的支撑能力将成为系统设计的重要指标之一。

2. 5G 的技术需求

一般来说，5G 的技术包含 7 个指标维度，即峰值速率、时延、同时支持的连接数、比特成本效率、移动性、小区频谱效率、小区边缘吞吐率。现对其中几项进行详细介绍。

（1）峰值速率

峰值速率是一个源业务量参数，描述了连接的业务源发送信息的最大信元速率。峰值信元速率定义在等效终端参考模型的物理服务访问点上。5G 要比 4G 提升 20～50 倍，即达到 20～50 Gbit/s。

（2）时延

时延是指一个报文或分组从一个网络的一端传送到另一个端所需要的时间。它包括发送时延、传播时延、处理时延，它们的总和就是总时延。例如，人的声音时延是指从说话人开始说话到受话人听到所说的内容的时间。一般，人们能忍受小于 250 ms 的时延，若时延太长，会使通信双方都不舒服。另外，时延还会造成回波，时延越长所需的用于消除回波的计算机指令的时间就越多。传播时延由 Internet 的路由情况决定，如果在低速信道或信道过于拥挤时，那么可能会导致长时间时延或丢失数据包的情况。5G 时延要缩减到 4G 时延的 1/10，即端到端时延减少到 5 ms，空口时延减少到 1 ms。

（3）同时支持的连接数

与 4G 系统相比，5G 同时支持的连接数需要提升 10 倍以上，达到同时支持包括 M2M/IOT 在内的 120 亿个连接的能力。

（4）比特成本效率

与 4G 系统相比，5G 的比特成本效率要提升 50 倍以上，每比特成本大大降低，从而促使网络的 CAPEX 和 OPEX 下降。

（二）4G 基础上的 5G

与 4G 相比，5G 的提升是全方位的，按照 3GPP 的定义，5G 具有高性能、低时延与高容量特性，而这些优点主要依赖于毫米波、小基站、Massive MIMO、波束成形，以及全双工这五大技术。

1. 毫米波技术

众所周知，随着连接到无线网络设备的数量的增加，频谱资源稀缺的问题日渐突出。至少就现在而言，人们还只能在极其狭窄的频谱上共享有限的带宽，这极大地影响了用户的体验。

无线传输增加传输速率一般有两种方法：一是增加频谱利用率；二是增加频谱带宽。5G 使用毫米波（26.5～300 GHz）就是通过第二种方法来提升速率。以 28 GHz 频段为例，其可用频谱带宽达到了 1 GHz，而 60 GHz 频段每个信道的可用信号带宽则为 2 GHz。

在移动通信的发展历史上，这是首次开启新的频谱资源。在此之前，毫米波只应用在卫星和雷达系统上，但现在已经有运营商开始使用毫米波在基站之间做测试。当然，毫米波最大的缺点就是穿透力差、衰减大，因此，要让毫米波频段下的5G通信在高楼林立的环境中传输并不容易，而小基站技术将解决这一问题。

2．小基站技术

毫米波的穿透力差并且在空气中的衰减很大，但毫米波的频率很高、波长很短，这就意味着其天线尺寸可以做得很小，这也是部署小基站的基础。

未来，5G移动通信将不再依赖大型基站的布建架构，大量的小型基站将成为新的趋势。它可以覆盖大基站无法触及的末梢通信。由于体积的大幅缩小，可以在250 m左右部署一个小基站，这样排列下来，运营商可以在每个城市中部署数千个小基站以形成密集网络，每个基站可以从其他基站接收信号并向任何位置的用户发送数据。相较4G，小基站不仅在规模上远远小于大基站，在功耗上也大大地缩小。

3．Massive MIMO（大规模多入多出）技术

除了通过毫米波通信之外，5G基站还将拥有比现在蜂窝网络基站多得多的天线，即采用Massive MIMO技术。现有的4G基站只有十几根天线，但5G基站可以支持上百根天线，这些天线可以MIMO技术形成大规模天线阵列。这就意味着基站可以同时从更多用户发送和接收信号，从而将移动网络的容量提升数十倍或更大。

4．波束成形技术

Massive MIMO技术是5G能否实现商用的关键技术，但是多天线也势必会带来更多的干扰，而波束成形就是解决这一问题的关键。Massive MIMO技术的主要挑战是减少干扰，但正是因为Massive MIMO技术的每个天线阵列集成了更多的天线，如果能有效地控制这些天线，让它发出的每个电磁波的空间互相抵消或者增强，那么就可以形成一个很窄的波束，而不是全向发射，从而使有限的能量都集中在特定方向上进行传输，这样不但传输距离更远，而且避免了信号的干扰。这种将无线信号（电磁波）按特定方向传播的技术叫作波束成形技术。

波束成形技术的优势不仅如此，它还可以提升频谱利用率，通过这一技术可以同时从多个天线发送更多的信息；在大规模天线基站，甚至可以通过信号处理算法计算出信号传输的最佳路径，以及最终移动终端的位置。因此，波束成形技术可以解决毫米波信号被障碍物阻挡以及远距离衰减的问题。

5．全双工技术

全双工技术是指设备的发送端和接收端占用相同的频率资源同时进行工作，使得通信两端在上、下行可以在相同时间使用相同的频率，它突破了现有的频分双工（FDD）和时分双工（TDD）模式。全双工技术是通信节点实现双向通信的关键之一，也是5G所需的实现高吞吐量和低时延的关键技术。在同一信道上同时发送和接收，这无疑大大地提升了频谱效率。

二、5G 的发展现状

（一）国内外 5G 的研究

1. 5G 的发展障碍

（1）监管和牌照

固网和移动网络在监管与运营牌照上都有很长的历史，但又有所不同。例如，在很多国家，固网运营商最早都是垄断企业，有类似的载波和定价限制；又如，批发给互联网服务提供商的宽带容量都受国家监管。另外，有的运营商依赖国家分配的频谱资源。

（2）组织机构

一是移动运营商在很多情况下受到固网运营商或者是其子公司的控制。固网和移动网络整合，需要该国竞争主管机构重新审视。相比合并，竞争主管机构更倾向于分开运营。二是企业的战略各不相同，如沃达丰完全以移动业务为主导。三是网络运营商的股东认为网络合并可能会出现诸多问题，如裁员、工会纠缠，以及网络合并后可能会产生的企业文化碰撞等，因此他们对网络合并存在抵抗情绪。

（3）标准

技术互操作性的开放标准，对于电信行业来说十分重要。标准化方面也需要广泛的努力与合作，现在移动和固网领域分别存在着各种不同的标准组织。3GPP 和 ETSI 在移动标准化方面非常成功；ITU-R 在频谱分配方面很有权威，并且已经开始投入 IMT-2020（5G）技术的网络标准化要求工作中。

2. 5G 的推动力量

根据目前各国研究情况，5G 技术相比目前的 4G 技术，其峰值速率将增长数十倍，从 4G 的 100 Mbit/s 提高到几十 Gbit/s。也就是说，1 s 可以下载 10 余部高清电影，可支持的用户连接数增长到 100 万用户/km^2，并可以更好地满足物联网这样的海量接入场景。同时，端到端延时将从 4G 的十几毫秒减少到 5G 的几毫秒。

正因为有了强大的通信和带宽能力，5G 网络一旦应用，目前仍停留在构想阶段的车联网、物联网、智慧城市、无人机网络等概念将变为现实。另外，5G 还将进一步应用到工业、医疗、安全等领域，能够极大地促进这些领域的生产效率，以及创新出新的生产方式。

（1）物联网

随着 5G 网络的应用，各类物联网应用将迅速普及。目前，汽车与汽车之间还没有通信，有了 5G 网络，就能让汽车和汽车、汽车和数据中心、汽车和其他智能设备进行通信。这样，不但可以实现更高级别的汽车自动驾驶，还能利用各类交通数据，为汽车规划最合理的行进路线。一旦有大量的汽车进入这一网络，就能顺利实现智能交通。

（2）远程医疗

欧盟研究认为，远程医疗也是 5G 重要的应用领域之一。目前，实施跨越国界的远程手术需要租用价格昂贵的大容量线路，但有时对手术设备发出的指令仍会出现时延，这对手术而言意味着巨大的风险。但 5G 技术将可以使手术所需的"指令—响应"时间接近为 0 s，这将大大地提高医生操作的精确性。在不久的将来，病人如果需要紧急手术或特定手术，就可以通过远程医疗进行快速的手术。

（3）用户服务

5G 网络同样能让普通用户受益匪浅。除了多样化、不卡顿的各类多媒体娱乐外，智能家庭设备也会接入 5G 网络，为用户提供更为便捷的服务。

除上述应用外，众多物联网应用也将成为 5G 大显身手的领域。尽管目前物联网尚未大规模应用，但业界普遍认为，物联网中接入的设备预计会超过千亿个，对设备数量、数据规模、传输速率等提出很高的要求。由于当前的 3G、4G 技术不能提供有效的支撑，所以物联网的真正发展离不开 5G 技术的成熟，同时也将成为推动 5G 技术发展的动力之一。

3. 5G 的研发进程

（1）5G 标准制定

尽管 5G 技术前景广阔，但目前离正式商用仍有一段时间，5G 标准也尚未正式确定。但毫无疑问，在 5G 标准制定中掌握话语权，将会在新一代移动通信技术革命中占据先机。根据国际惯例，总部位于瑞士日内瓦、主管信息通信技术事务的联合国专门机构——国际电信联盟，将是 5G 标准的最终决定机构。该机构负责分配和管理全球无线电频谱、制定全球电信标准，在全球信息通信领域发挥重要的作用。

欧盟已旗帜鲜明地强调，希望能确立全球统一的 5G 技术标准，而不再是多种标准并存，以实现全球互通性和规模经济。事实上，由于 5G 技术与未来的物联网产业息息相关，蕴含着巨大的经济和战略利益，欧美、日本、韩国等国家和地区都希望能在技术标准上占据主导权，因此它们也都早早地进行了相应的技术研发和布局。

（2）国外 5G 研究

韩国在 5G 的发展上态度积极，韩国 5G 论坛执行委员会主席表示，韩国的 5G 商用进程以服务 2018 年平昌冬奥会为关键时间节点，2019—2020 年 5G 论坛将着重研究第二阶段的测试工作，同时包括虚拟现实、AR 以及系统开发等方面的工作。

除了各国系统性地展开技术研发外，行业主流公司也已在 5G 领域"发力"。例如，手机芯片制造商高通就表示，正在加快 5G 芯片的研发与部署，另外，华为、中兴通讯、诺基亚、爱立信等电信设备制造商也透露他们正在加快 5G 关键技术的研发，并已与电信运营商展开相关合作。

（3）国内 5G 研究

早在 2013 年 2 月，工业和信息化部、国家发展和改革委员会、科学技术部联合成立 IMT-2020（5G）推进组，对我国 5G 愿景与需求、5G 频谱问题、5G 关键技术、5G 标准化等问题展开研究和布局。这一推进组的组织架构基于原 IMT-Advanced（4G）推进组，下设多个工作组，包括需求工作组、频谱工作组、无线技术工作组、网络技术工作组、若干标准工作组以及知识产权工作组。

我国正在加快研发创新，加大 5G 技术、标准与产品研发的力度，构建国际化 5G 试验平台；强化频率统筹，依托国际电信联盟加强沟通和协调，力争形成更多 5G 统一频段；深化务实合作，建立广泛和深入的交流合作机制，在国际框架下积极推进形成全球统一的 5G 标准；促进融合发展，加强 5G 与垂直行业的融合创新研究，以工业互联网、车联网等重点行业应用为突破口，构建支撑行业发展的 5G 网络。

（二）5G 的应用场景

1. 5G 移动通信的应用研究

（1）4G 移动通信的商用化

从 20 世纪 80 年代至今，人们亲身经历着移动通信发展的变迁，人类社会之间的相互连接也越来越依赖于移动通信，从而使其成为人类信息网络的基础。人们的日常生活方式被移动通信的发展深刻改变，而且移动通信对国民经济发展的推动和社会信息化水平的提升也起到了重要的促进作用。如今，4G 的商用已经规模化，全球研究人员将研发的焦点聚集在对 5G 的研究上。

（2）5G 移动通信系统的研发

2012 年 11 月，面向 5G 研发的 METIS（Mobile and Wireless Communications Enablers for the 2020 Information Society）项目正式启动，开始进行 5G 的研发，该项目研究组由爱立信、法国电信等通信设备商和运营商、宝马集团以及部分欧洲学术机构共 29 个成员共同组成；我国"863 计划"关于 5G 重大项目一期和二期研发课题分别于 2013 年 6 月和 2014 年 3 月启动。为了满足人类信息社会发展的需求，5G 系统应运而生。随着人类信息社会的发展，人们对移动互联网、物联网业务的需求不断提高，这就形成了未来移动通信发展的主要驱动力量。

（3）5G 移动通信场景的应用

为了做到真正意义上的"万物互联"，实现 5G 总体愿景——满足工业、医疗和交通等多样化业务需求。5G 需要深度地融入各行各业各领域中，以便在任何高密度的场景下为用户提供极致的体验。由于 5G 的接入速率是其他几代移动通信所无法企及的，所以无论在任何场景下，都能为用户带来零时延的极致体验，并且，用户的接入能力提升至可以连接数以千亿的设备，网络也能有效得到极大的提升，与此同时，能够极大地降低网络成本。

2. 5G 移动通信的应用场景

5G 在为用户带来极致体验的同时，需要解决的问题、面临的挑战也有很多。众所周知，在不同应用场景下，移动通信的性能指标是不同的，这就导致了 5G 面临的挑战的差异性。用户的体验速率、流量密度、时延、能效和连接数等均可以作为指标。从这个角度出发，可以归纳为四个主要场景，分别为连续广域覆盖场景、热点高容量场景、低功耗大连接场景和低时延高可靠场景。

第一，连续广域覆盖场景，彻底完善了山区等边缘区域的覆盖，这种覆盖方式在移动通信中是最基本的。该场景能够保证用户的移动性，满足互联网业务的连续性，使移动通信高速业务得以在用户中间展开。该场景的主要挑战是无论在什么时候、什么区域范围内，都能使用户体验到 100 Mbit/s 的速率。

第二，热点高容量场景，主要包括为局部热点区域中的用户提供极高的数据传输速率，以满足移动网络对流量密度极高的需求。在这个场景中，应使用户体验速率达到 1 Gbit/s、峰值速率达到数 10 Gbit/s 和流量密度需求达到数 10 Tbit/s。

第三，低功耗大连接场景，主要面向的应用场景是将传感和数据采集作为目标。这些场景具有一些特点，具体包括数据包小、功耗低、连接海量等。数量众多的移动终端分布范围广，这就不但要求网络具备支持数千亿连接的能力，而且同时还要降低移动终端的功耗和成本。

第四，低时延高可靠场景，主要面向垂直行业内的特殊应用需求，这些行业包括车联网、工业控制等。这类应用对通信的时延和可靠性都具有极其严格的指标要求，需要为用户提供零时延的超极致体验，并且保证通信业务的可靠性接近于 100%。

第二章 5G 网基础构建

第一节 5G 概念分析

一、移动通信的演进背景

从美国贝尔实验室提出蜂窝小区的概念算起，移动通信系统的发展可以划分为几个"时代"。到 20 世纪 80 年代，移动通信系统实现了大规模的商用，可以被认为是真正意义上的 1G（The first generation，第一代移动通信系统），1G 由多个独立开发的系统组成，典型代表有美国的 AMPS（Advanced Mobile Phone System，高级移动电话系统）和后来应用于欧洲部分地区的 TACS（Total Access Communications System，全址接入通信系统），以及 NMT（Nordic Mobile Telephony，北欧移动电话）等，其共同特征是采用 FDMA（Frequency Division Multiple Access，频分多址技术），以及模拟调制语音信号。第一代系统在商业上取得了巨大的成功，但是模拟信号传输技术的弊端也日渐明显，包括频谱利用率低、业务种类有限、无高速数据业务、保密性差以及设备成本高等。为了解决模拟系统中存在的这些根本性技术缺陷，数字移动通信技术应运而生。

2G（The second generation，第二代移动通信系统）基于 TDMA（Time Division Multiple Access，时分多址技术），以传输语音和低速数据业务为目的，因此又称为窄带数字通信系统，其典型代表是美国的 DAMPS（Digital AMPS，数字化高级移动电话系统）、IS-95 和欧洲的 GSM（Global System for Mobile Communication，全球移动通信系统）。数字移动通信网络相对于模拟移动通信提高了频谱利用率，支持针对多种业务的服务。80 年代中期开始，欧洲首先推出了 GSM 体系，随后，美国和日本也制定了各自的数字移动通信体制。其中，GSM 使得全球范围的漫游首次成为可能，是一个可互操作的标准，从而被广为接受；进一步，由于第二代移动通信以传输语音和低速数据业务为目的，从 1996 年开始，为了解决中速数据传输问题，又出现了 2.5 代的移动通信系统，如 GPRS（General Packet Radio Service，通用分组无线服务技术）、EDGE（Enhanced Data Rate for GSM Evolution，增强型数据速率 GSM 演进技术）和 IS-95B。这一阶段的移动通信主要提供的服务仍然是针对语音以及低速率数据业务，但由于网络的发展，数据和多媒体通信的发展势头很快，所以逐步出现了以移动宽带多媒体通信为目标的第三代移动通信。

在 20 世纪 90 年代 2G 系统蓬勃发展的同时，在世界范围内已经开始了针对 3G（The third generation，第三代移动通信系统的研究热潮）。3G 最早由 ITU（国际电信联盟）于 1985 年提出，当时称为 FPLMTS（Future Public Land Mobile Telecommunication System，未来公众陆地移动通信系统），1996 年更名为 IMT-2000（International Mobile Telecommunication-2000），意即该系统工作在 2000 MHz 频段，最高业务速率可达 2000 kbit/s。3G 的主要通信制式包括欧洲、日本等地区主导的 WCDMA（Wideband Code Division Multiple Access，宽带码分多址）、美国的 CDMA2000 和中国提出的 TD-SCDMA，影响范围最广的当属基于码分多址的宽带 CDMA 思路的 WCDMA。针对 WCDMA 的研究工作最初是在多个国家和地区并行开展的，直到 1998 年底 3GPP（3rd Generation Partnership Project，第三代合作伙伴计划）成立，WCDMA 才结束了各个地区标准独自发展的情况。WCDMA 面向后续系统演进出现了 HSDPA（High Speed Downlink Packet Access，高速下行分组接入）/HSUPA（High Speed Uplink Packet Access，高速上行分组接入）系统架构，其峰值速率可以达到下行 14.4 Mbit/s，而后又进一步发展的 HSPA＋，可以达到下行 42 Mbit/s/、上行 22 Mbit/s 的峰值速率，仍广泛应用于现有移动通信网络中。

目前对移动通信发展最有影响力的组织之一的 3GPP 在进行 WCDMA 系统的演进研究工作和标准化的同时，随后继续承担了 LTE（Long Term Evaluation）/LTE-Advanced 等系统的标准制定工作，对移动通信标准的发展起到至关重要的作用。3GPP 的成员单位包括 ARIB（日本无线工业及商贸联合会）（日本）、CCSA（中国通信标准化协会）（中国）、ETSI（欧洲电信标准化协会）（欧洲）、AT1S（世界无线通信解决方案联盟）（美国）、TTA（电信技术协会）（韩国）和 TTC（电信技术委员会）（日本）等。另外，除了 3GPP，3GPP2（3rd Generation Partnership Project 2，第三代合作伙伴计划 2）和 IEEE（Institute of Electrical and Electronics Engineers，电气和电子工程师协会）也是目前国际上重要的标准制定组织。

在移动通信系统的发展过程中，国际电信联盟的 ITU-R（国际电信联盟无线通信委员会）作为监管机构起到了至关重要的作用，ITU-R WP5D（working party 5D）定义了国际上包括 3G 和 4G（The fourth Generation，第四代移动通信系统）的 1MT（International Mobile Telecommunications）系统，其中 2010 年 10 月确定的 4G 系统也称为 1MTAdvanced，包括了 LTE-Advanced（3GPP Release 10）以及 IEEE 802.16 m 等。ITU-R WP5D 定义 4G 与定义 3G 的过程相似，首先提出面向 IMT-Advanced 研究的备选技术、市场预期、标准准则、频谱需求和潜在频段，而后基于统一的评估方法，根据需求指标来评估备选技术方案。为满足 ITU 的需求指标，3GPP 提交的 4G 候选技术是 LTE-Advanced（Release 10），而非 LTE（Release 8），所以严格意义上说 LTE 并非 4G。从技术框架来看，LTE Advancd 是 LTE 的演进系统，一脉相承地基于 OFDMA（Orthogonal Frequency Division Multiple Access，正交频分多址）的多址方式，满足如下技术指标：100 MHz 带宽；峰值速率：下行 1 Gbit/s，上行 500 Mbit/s；峰值频谱效率：下行 30（bit/s）/Hz，上行 15（bit/s）/Hz。在 LTE 的 OFDM/MIMO（Multiple-Input Multiple-Output，多入多出技术）等关键技术基础上，LTE-Advanced 进一步包括频谱聚合、中继、COMP（Coordinated multiple point，多点协同传输）等。

从 1G 到 4G 的发展脉络可见，移动通信的每一次更新换代都解决了当时的最主要需求。如今，移动互联网和物联网的蓬勃发展使大家都相信，在 2020 年，需要无线通信系统新的革新来满足业务量提升带来的巨大的数据传输需求，各个国家地区也都在 ITU-RWP5D 工作组提出了 5G（The fifth generation，第五代移动通信系统）的构想，在 IMT-Advanced 之后，ITU-R 已经针对名为 IMT-2020 的 5G 系统开始征集意见并开展相关的研究工作。

二、5G 的诞生

在过去多年中，移动通信经历了从语音业务到高速宽带数据业务的飞跃式发展。未来，人们对移动网络的新需求将进一步增加：一方面，预计未来 10 年移动网络数据流量将呈爆发式增长，将达到 2020 年的数百倍或更多，尤其是在智能手机成功占领市场之后，越来越多的新服务不断涌现，例如电子银行、网络化学习、电子医疗以及娱乐点播服务等；另一方面，我们在不远的将来会迎来一次规模空前的移动物联网产业浪潮，车联网、智能家居、移动医疗等将会推动移动物联网应用爆发式的增长，数以千亿的设备将接入网络，实现真正的"万物互联"；同时，移动互联网和物联网将相互交叉形成新型"跨界业务"，带来海量的设备连接和多样化的业务和应用，除了以人为中心的通信以外，以机器为中心的通信也将成为未来无线通信的一个重要部分，从而大大提高人们的生活质量、办事效率和安全保障，由于以人为中心的通信与以机器为中心的通信的共存，服务特征多元化也将成为未来无线通信系统的重大挑战之一。

需求的爆炸性增长给未来无线移动通信系统在技术和运营等方面带来巨大挑战，无线通信系统必须满足许多多样化的要求，包括在吞吐量、时延和链路密度方面的要求，以及在成本、复杂度、能量损耗和服务质量等方面的要求。由此，针对 5G 系统的研究应运而生。

近年来，在经历了移动通信系统从 1G 到 4G 的更替之后，移动基站设备和终端计算能力有了极大提升，集成电路技术得到快速发展，通信技术和计算机技术深度融合，各种无线接入技术逐渐成熟并规模应用。可以预见，对于未来的 5G 系统不能再用某项单一的业务能力或者某个典型技术特征来定义，而应是面向业务应用和用户体验的智能网络，通过技术的演进和创新，满足未来包含广泛数据和连接的各种业务快速发展的需要，提升用户体验。

在世界范围内，已经涌现了多个组织对 5G 开展积极的研究工作，例如欧盟的METIS、5GPPP、中国的 IMT-2000（5G）推进组、韩国的 5G Forum、NGMN、日本的ARIB AdHoc 以及北美的一些高校等。

欧盟已早在 2012 年 11 月就正式宣布成立面向 5G 移动通信技术研究的 METIS（Mobile and Wireless Communications Enablers for the Twenty-Twenty（2020）Information Society）项目。该项目由 29 个成员组成，其中包括爱立信（组织协调）、法国电信等主要设备商和运营商、欧洲众多的学术机构以及德国宝马公司。项目时间为 2012 年 11 月 1 日至 2015 年 4 月 30 日，共计 30 个月，目标是在无线网络的需求、特性和指标上达成共识，为建立 5G 系统奠定基础，取得在概念、雏形、关键技术组成上的统一意见。METIS 认为未来的无线通信系统应实现以下技术目标：在总体成本和能耗处在可接受范围的前提下，容量稳定增长，提高效率；能够适应更大范围的需求，包括大业务量大和小业务量；另外，系统应具备多功能性，来支持各种各样的需求（例如可用性、移动性和服务质量）和应用场景。为达到以上目标，5G 系统应较现有网络实现 1000 倍的无线数据流量、$10 \sim 100$ 倍的连接终端数、$10 \sim 100$ 倍的终端数据速率、端到端时延降低到现有网络的 1/5 以及实现 10 倍以上的电池寿命。METIS 设想这样一个未来——所有人都可以随时随地获得信息、共享数据、连接到任何物体。这样"信息无界限"的"全联接世界"将会大大推动社会经济的发展和增长。METIS 已发布多项研究报告，近期发布的《Final report on architecture》，对 5G 整体框架的设定具有参考意义。

另外，欧盟于 2013 年 12 月底宣布成立 5GPPP（5G Infrastructure Public Private Partnership），作为欧盟与未来 5G 技术产业共生体系发展的重点组织，5GPPP 由多家电信业者、系统设备厂商以及相关研究单位共同参与，其中包括爱立信、阿尔卡特朗讯、法国电信、英特尔、诺基亚、意大利电信、华为等。可以认为 5GPPP 是欧盟在 METIS 等项目之后面向 2020 年 5G 技术研究和标准化工作而成立的延续性组织，5GPPP 将借此确保欧盟在未来全球信息产业竞争中的领导者地位。5GPPP 的工作分为三个阶段：包括阶段一（2014—2015 年）基础研究工作，阶段二（2016—2017 年）系统优化以及阶段三（2017—2018 年）大规模测试。在 2014 年初，5GPPP 也已由多家参与者共同提出一份 5G 技术规格发展草案，其中主要定义了未来 5G 技术重点，包括在未来 10 年中，电信与信息通信业者将可通过软件编程的方式往共同的基础架构发展，网络设备资源将转化为具有运算能力的基础建设。与 3G 相比，5G 将会提供更高的传输速度与网络使用效能，并可通过虚拟化和软件定义网络等技术，让运营商得以更快速更灵活地应用网络资源提供服务等。

与此同时，由运营商主导的 NGMN（Next Generation Mobile Networks）组织也已经

开始对 5G 网络开展研究，并发布 5G 白皮书：《Executive Version of the 5G White Paper》。NGMN 由包括中国移动、DoCoMo（都科摩）、沃达丰、Orange、Sprint、KPN 等运营商发起，其发布的 5G 白皮书从运营商角度对 5G 网络的用户感受、系统性能、设备需求、先进业务及商业模式等进行阐述。

中国在 2013 年 2 月由中国工业和信息化部、国家发展和改革委员会、科学技术部联合推动成立 IMT-2020（5G）推进组，其组织框架基于原中国 IMT-Advanced 推进组，成员包括中国主要的运营商、制造商、高校和研究机构，目标是成为聚合中国产学研用力量，推动中国第五代移动通信技术研究和开展国际交流与合作的主要平台。2015 年 2 月发布《5G 概念白皮书》，认为从移动互联网和物联网主要应用场景、业务需求及挑战出发，可归纳出连续广域覆盖、热点高容量、低功耗大连接和低时延高可靠四个 5G 主要技术场景。2015 年 5 月发布《5G 网络技术架构白皮书》和《5G 无线技术架构白皮书》，认为 5G 技术创新主要来源于无线技术和网络技术两方面，无线技术领域中大规模天线阵列、超密集组网、新型多址和全频谱接入等技术已成为业界关注的焦点；在网络技术领域，基于软件定义网络（SDN）和网络功能虚拟化（NFV）的新型网络架构已取得广泛共识。

另外，国内的 Future 论坛也在积极开展 5G 系统的相关技术研究，韩国、日本也已有相应的研究组织开展工作，纵观目前全球 5G 研究进展可以看出，全球 5G 组织研究的热点技术趋同。面向无线通信标准化，ITU-RWP5D 已给出了关于 IMT-2020 的研究计划，按此时间点，全球各研究组织和机构将会提交代表各自观点的技术文稿。另外，3GPP 也将在 Release 14 开始对 5G 系统的标准化定义工作。

第二节　5G 需求分析

一、5G 驱动力：移动互联网/物联网飞速发展

面对移动互联网和物联网等新型业务发展需求，5G 系统需要满足各种业务类型和应用场景。一方面，随着智能终端的迅速普及，移动互联网在过去的几年中在世界范围内发展迅猛，面向 2020 年及未来，移动互联网将进一步改变人类社会信息的交互方式，为用户提供增强现实、虚拟现实等更加身临其境的新型业务体验，从而带来未来移动数据流量的飞速增长；另一方面，物联网的发展将传统人与人通信扩大到人与物、物与物的广泛互联，届时智能家居、车联网、移动医疗、工业控制等应用的爆炸式增长，将带来海量的设备连接。

在保证设备低成本的前提下，5G 网络需要进一步解决以下几个方面的问题。

（一）服务更多的用户

展望未来，在互联网发展中，移动设备的发展将继续占据绝对领先的地位。随着移动

宽带技术的进一步发展，移动宽带用户数量和渗透率将继续增加。与此同时，随着移动互联网应用和移动终端种类的不断丰富，在 2020 年人均移动终端的数量将达到 3 个左右，这就要求 2020 年 5G 网络能够为超过 150 亿的移动宽带终端提供高速的移动互联网服务。

（二）支持更高的速率

移动宽带用户在全球范围的快速增长，以及即时通信、社交网络、文件共享、移动视频、移动云计算等新型业务的不断涌现，带来了移动用户对数据量和数据速率需求的迅猛增长。据 ITU 发布的数据预测，相比于 2020 年，2030 年全球的移动业务量将飞速增长，达到 5000 EB/月。

相对应地，未来 5G 网络还应能够为用户提供更快的峰值速率，如果以 10 倍于 4G 蜂窝网络峰值速率计算，5G 网络的峰值速率将达到 10 Gbit/s 量级。

（三）支持无限的连接

随着移动互联网、物联网等技术的进一步发展，未来移动通信网络的对象将呈现泛化的特点，它们在传统人与人之间通信的基础上，增加了人与物（如智能终端、传感器、仪器等）、物与物之间的互通。不仅如此，通信对象还具有泛在的特点，人或者物可以在任何的时间和地点进行通信。因此，未来 5G 移动通信网将变成一个能够让任何人和任何物，在任何时间和地点都可以自由通信的泛在网络。

近年来，国内外运营商都已经开始在物联网应用方面开展了新的探索和创新，已出现的物联网解决方案，例如智慧城市、智能交通、智能物流、智能家居，智能农业、智能水利、设备监控、远程抄表等，都致力于改善人们的生产和生活。随着物联网应用的普及以及无线通信技术及标准化进一步的发展，在 2020 年，全球物联网的连接数已经达到 1000 亿左右。在这个庞大的网络中，通信对象之间的互联和互通不仅能够产生无限的连接数，还会产生巨大的数据量。

（四）提供个性的体验

随着商业模式的不断创新，未来移动网络将推出更为个性化、多样化、智能化的业务应用。因此，这就要求未来 5G 网络进一步改善移动用户体验，如汽车自动驾驶应用要求将端到端时延控制在毫秒级、社交网络应用需要为用户提供永远在线体验，以及为高速场景下的移动用户提供全高清/超高清视频实时播放等体验。

因此，面向 5G 移动通信系统要求在确保低成本、传输的安全性、可靠性、稳定性的前提下，能够提供更高的数据速率、服务更多的连接数和获得更好的用户体验。

二、运营需求

（一）建设 5G "轻形态" 网络

移动通信系统 1G 到 4G 的发展是无线接入技术的发展，也是用户体验的发展。每一代的接入技术都有自己鲜明的特点，同时每一代的业务都给予用户更全新的体验。然而，在技术发展的同时，无线网络已经越来越 "重"，包括以下几个特点。

1. "重"部署

基于广域覆盖、热点增强等传统思路的部署方式对网络层层加码，另外泾渭分明的双工方式，以及特定双工方式与频谱间严格的绑定，加剧了网络之"重"（频谱难以高效利用、双工方式难以有效融合）。

2. "重"投入

无线网络越来越复杂使得网络建设投入加大，从而导致投资回收期长，同时对站址条件的需求也越来越高；另外，很多关键技术的引入对现有标准影响较大、实现复杂，从而使得系统达到目标性能的代价变高。

3. "重"维护

多接入方式并存，新型设备形态的引入带来新的挑战，技术复杂使得运维难度加大，维护成本增高；无线网络配置情况愈加复杂，一旦配置则难以改动，难以适应业务、用户需求快速发展变化的需要。

在 5G 阶段，因为需要服务更多用户、支持更多连接、提供更高速率以及多样化用户体验，网络性能等指标需求的爆炸性增长将使网络更加难以承受其"重"。为了应对在 5G 网络部署、维护及投资成本上的巨大挑战，对 5G 网络的研究应总体致力于建设满足部署轻便、投资轻度、维护轻松、体验轻快要求的"轻形态"网络，其应具备以下的特点。

（1）部署轻便

基站密度的提升使得网络部署难度逐渐加大，轻便的部署要求将对运营商未来网络建设起到重要作用。在 5G 的技术研究中，应考虑尽量降低对部署站址的选取要求，希望以一种灵活的组网形态出现，同时应具备即插即用的组网能力。

（2）投资轻度

从既有网络投入方面考虑，在运营商无线网络的各项支出中，OPEX（Operating Expense，运营性支出）占比显著，但 CAPEX（Capital Expenditure，资本性支出）仍不容忽视，其中设备复杂度、运营复杂度对网络支出影响显著。随着网络容量的大幅提升，运营商的成本控制面临巨大挑战，未来的网络必须要有更低的部署和维护成本，那么在技术选择时应注重降低两方面的复杂度。

新技术的使用一方面要有效控制设备的制造成本，采用新型架构等技术手段降低网络的整体部署开销；另一方面还需要降低网络运营复杂度，以便捷的网络维护和高效的系统优化来满足未来网络运营的成本需求；应尽量避免基站数量不必要的扩张，尽量做到站址利旧，基站设备应尽量轻量化、低复杂度、低开销、采用灵活的设备类型，在基站部署时应能充分利用现有网络资源，采用灵活的供电和回传方式。

（3）维护轻松

随着 3G 的成熟和 4G 的商用，网络运营已经出现多网络管理和协调的需求，在未来

5G 系统中，多网络的共存和统一管理都将是网络运营面临的巨大挑战。为了简化维护管理成本，也为了统一管理提升用户体验，智能的网络优化管理平台将是未来网络运营的重要技术手段。

此外，运营服务的多样性，如虚拟运营商的引入，对业务 QOS（Quality of Service，服务质量）管理及计费系统会带来影响。因而相比既有网络，5G 的网络运营应能实现更加自主、更加灵活、更低成本和更快适应地进行网络管理与协调，要在多网络融合和高密复杂网络结构下拥有自组织的灵活简便的网络部署和优化技术。

（4）体验轻快

网络容量数量级的提升是每一代网络最鲜明的标志和用户最直观的体验，然而 5G 网络不应只关注用户的峰值速率和总体的网络容量，更需要关心的是用户体验速率，要小区去边缘化以给用户提供连续一致的极速体验。此外，不同的场景和业务对时延、接入数、能耗、可靠性等指标有不同的需求，不可一概而论，而是应该因地制宜地全面评价和权衡。总体来讲，5G 系统应能够满足个性、智能、低功耗的用户体验，具备灵活的频谱利用方式、灵活的干扰协调/抑制处理能力，移动性性能得到进一步的提升。

另外，移动互联网的发展带给用户全新的业务服务，未来网络的架构和运营要向着能为用户提供更丰富的业务服务方向发展。网络智能化，服务网络化，利用网络大数据的信息和基础管道的优势，带给用户更好的业务体验，游戏发烧友、音乐达人、微博控以及机器间通信等，不同的用户有不同的需求，更需要个性化的体验。未来网络架构和运营方式应使得运营商能够根据用户和业务属性以及产品规划，灵活自主地定制网络应用规则和用户体验等级管理等。同时，网络应具备智能化认知用户使用习惯，并能根据用户属性提供更加个性化的业务服务。

（二）业务层面需求

1. 支持高速率业务

无线业务的发展瞬息万变，仅从目前阶段可以预见的业务看，移动场景下大多数用户为支持全高清视频业务，需要达到 10 Mbit/s 的速率保证；对于支持特殊业务的用户，例如支持超高清视频，要求网络能够提供 100 Mbit/s 的速率体验；在一些特殊应用场景下，用户要求达到 10 Gbit/s 的无线传输速率，例如：短距离瞬间下载、交互类 3D（3-Dimensions）全息业务等。

2. 业务特性稳定

无所不在的覆盖、稳定的通信质量是对无线通信系统的基本要求。由于无线通信环境复杂多样，仍存在很多场景覆盖性能不够稳定的情况，例如地铁、隧道、室内深覆盖等。通信的可靠性指标可以定义为对于特定业务的时延要求下成功传输的数据包比例，5G 网络应要求在典型业务下，可靠性指标应能达到 99% 甚至更高；对于例如 MTC（Machine-

Type Communication，机器类型通信）等非时延敏感性业务，可靠性指标要求可以适当降低。

3．用户定位能力高

对于实时性的、个性化的业务而言，用户定位是一项潜在且重要的背景信息，在 5G 网络中，对于用户的三维定位精度要求应提出较高要求，例如对于 80% 的场景（比如室内场景）精度从 10 m 提高到 1 m 以内。在 4G 网络中，定位方法包括 LTE 自身解决方案以及借助卫星的定位方式，在 5G 网络中可以借助既有的技术手段，但应该从精度上做进一步的增强。

4．对业务的安全保障

安全性是运营商提供给用户的基本功能之一，从基于人与人的通信到基于机器与机器的通信，5G 网络将支持各种不同的应用和环境，所以，5G 网络应当能够应对通信敏感数据有未经授权的访问、使用、毁坏、修改、审查、攻击等问题。此外，由于 5G 网络能够为关键领域如公共安全、电子保健和公共事业提供服务，5G 网络的核心要求应具备提供一组全面保证安全性的功能，用以保护用户的数据、创造新的商业机会，并防止或减少任何可能对网络安全的攻击。

（三）终端层面需求

无论是硬件还是软件方面，智能终端设备在 5G 时代都将面临功能和复杂度方面的显著提升，尤其是在操作系统方面，必然会有持续的革新。另外，5G 的终端除了基本的端到端通信之外，还可能具备其他的效用，例如成为连接到其他智能设备的中继设备，或者能够支持设备间的直接通信等。考虑目前终端的发展趋势以及对 5G 网络技术的展望，可以预见 5G 终端设备将具备以下特性。

1．更强的运营商控制能力

对于 5G 终端，应该具备网络侧高度的可编程性和可配置性，比如终端能力、使用的接入技术、传输协议等；运营商应能通过空口确认终端的软硬件平台、操作系统等配置来保证终端获得更好的服务质量；另外，运营商可以通过获知终端关于服务质量的数据，比如掉话率、切换失败率、实时吞吐量等来进行服务体验的优化。

2．支持多频段多模式

5G 网络时代，是多网络共存的时代，同时考虑全球漫游，这就对终端提出了多频段多模式的要求。另外，为了达到更高的数据速率，5G 终端需要支持多频带聚合技术，这与 LTE-Advanced 系统的要求是一致的。

3．支持更高的效率

虽然 5G 终端需要支持多种应用，但其供电作为基本通信保障应有所保证，例如智能手机充电周期为 3 天，低成本 MTC 终端能达到 15 年，这就要求终端在资源和信令效率方面应有所突破，比如在系统设计时考虑在网络侧加入更灵活的终端能力控制机制，只针对性地发送必须的信令信息等。

4．个性化

为满足以人为本、以用户体验为中心的5G网络要求，用户应可以按照个人偏好选择个性化的终端形态、定制业务服务和资费方案。在未来网络中，形态各异的设备将大量涌现，如目前已经初见端倪的内置在衣服上用于健康信息处理的便携化终端、3D眼镜终端等，将逐渐商用和普及。另外，因为部分终端类型需要与人长时间紧密接触，所以终端的辐射需要进一步降低，以保证长时间使用不会对人身体造成伤害。

三、5G 系统指标需求

（一）ITU-R指标需求

根据ITU-RWP5D的时间计划，不同国家、地区、公司在ITU-RWP5D第20次会上已提出面向5G系统的需求。综合各个提案以及会上的意见，ITU-R已于2015年6月确认并统一5G系统的需求指标（见表2-1）。

表2-1　5G系统指标

参数	用户数据速率	峰值速率	移动性	时延	连接密度	能量损耗	频谱效率	业务密度/一定地区的业务容量
指标	100 Mbit/s～1 Gbit/s	10～20 Gbit/s	500 km/h	1 ms（空口）	10^6 个/km²	不 高 于 IMT-Advanced	3倍于 IMT-Advanced	10 (Mbit/s) /m²

从目前ITU-R统一的系统需求来看，并不能用单一的系统指标衡量5G网络，不同的指标需求应适应具体的典型场景，例如5G典型场景设计未来人们居住、工作、休闲和交通等各种领域，特别是密集住宅区（Gbit/s的用户体验速率）、办公室（数＋(Tbit/s) /km² 的流量密度）、体育场（$1×10^6$ 个/km² 连接数）、露天集会（$1×10^6$ 个/km² 连接数）、地铁（6人/m² 的超高用户密度）、快速路（毫秒级端到端时延）、高速铁路（500 km/h以上的高速移动）和广域覆盖（100 Mbit/s用户体验速率）等场景。

（二）用户体验指标

1. 100 Mbit/s～1 Gbit/s 的用户体验数据速率

本指标要求5G网络需要能够保证在真实网络环境下用户可获得的最低传输速率在100 Mbit/s～1 Gbit/s，例如在广域覆盖条件下，任何用户能够获得100 Mbit/s及以上速率体验保障。对于密集住宅区场景以及特殊需求用户和业务，5G系统需要提供高达1 Gbit/s的业务速率保障，特殊需求指满足部分特殊高优先级业务（如急救车内高清医疗图像传输服务）的需求。相比于 IMT-Advanced 提出的 0.06（bit/s）/Hz（城市宏基站小区）边缘用户频谱效率，该指标至少提升了十几倍。

2. 500 km/h 的移动速度

本指标指满足一定性能要求时，用户和网络设备双方向的最大相对移动速度，本指标的提出考虑了实际通信环境（例如高速铁路）的移动速度需求。

3. 1 ms 的空口时延

端到端时延统计一个数据包从源点业务层面到终点业务层面成功接收的时延，IMT-Advanced 对时延要求为 10 ms，毫秒级的端到端时延要求将面向快速路等特定场景，本指标对 5G 网络的系统设计提出很高的要求。

NGMN 针对具体应用场景对指标需求进行了细化，表 2-2 给出了关于用户体验不同场景具体的指标需求。

表 2-2 用户体验指标需求

场景	用户体验数据速率	时延	移动性
密集地区的宽带接入	下行：300 Mbit/s 上行：50 Mbit/s	10 ms	0～100 km/h 或根据具体需求
室内超高宽带接入	下行：1 Gbit/s 上行：500 Mbit/s	10 ms	步行速度
人群中的宽带接入	下行：25 Mbit/s 上行：50 Mbit/s	10 ms	步行速度
无处不在的 50＋Mbit/s	下行：50 Mbit/s 上行：25 Mbit/s	10 ms	0～120 km/h
低 ARPU 地区的低成本宽带接入	下行：10 Mbit/s 上行：10 Mbit/s	50 ms	0～50 km/h
移动宽带（汽车，火车）	下行：50 Mbit/s 上行：25 Mbit/s	10 ms	高达 500 km/h 或根据具体需求
飞机连接	下行：每个用户 15 Mbit/s 上行：每个用户 7.5 Mbit/s	10 ms	高达 1000 km/h
大量低成本/长期的/低功率的 MTC	低（典型的 1～100 kbit/s）	数秒到数小时	0～50 km/h
宽带 MTC	见"密集地区的宽带接入"和"无处不在的 50＋Mbit/s"场景中的需求		
超低时延	下行：50 Mbit/s 上行：25 Mbit/s	＜1 ms	步行速度

场景	用户体验数据速率	时延	移动性
业务变化场景	下行：0.1～1 Mbit/s 上行：0.1～1 Mbit/s	—	0～120 km/h
超高可靠性和超低时延	下行：50 kbit/s～10 Mbit/s 上行：JL bit/s～10 Mbit/s	1 ms	0～50 km/h
超高稳定性和可靠性	下行：10 Mbit/s 上行：10 Mbit/s	10 ms	0～50 km/h 或根据具体需求
广播等服务	下行：高达 200 Mbit/s 上行：适中（如 500 kbit/s）	<100 ms	0～50 km/h

（三）系统性能指标

1. $10^6/km^2$ 的连接数密度

未来 5G 网络用户范畴极大扩展，随着物联网的快速发展，在 2022 年连接的器件数目已达到 1000 亿。这就要求单位覆盖面积内支持的器件数目将极大增长，在一些场景下单位面积内通过 5G 移动网络连接的器件数目达到 100 万/km^2 或更高，相对 4G 网络增长 100 倍左右，尤其在体育场及露天集会等场景，连接数密度是个关键性指标。这里，连接数指标针对的是一定区域内单一运营商激活的连接设备，"激活"指设备与网络间正交互信息。

2. 10～20 Gbit/s 的峰值速率

根据移动通信历代发展规律，5G 网络同样需要 10 倍于 4G 网络的峰值速率，即达到 10 Gbit/s 量级，在特殊场景，提出了 20 Gbit/s 峰值速率的更高要求。

3. 3 倍于 IMT-Advanced 系统的频谱效率

ITU 对 IMT-Advanced 在室外场景下平均频谱效率的最小需求为 2～3（bit/s）/Hz，通过演进及革命性技术的应用，5G 的平均频谱效率相对于 IMT-Advanced 需要 3 倍的提升，解决流量爆炸性增长带来的频谱资源短缺。其中频谱效率的提升应适用于热点/广覆盖基站、低/高频段、低/高速场景。

小区平均频谱效率用（bit/s）/Hz/小区来衡量，小区边缘频谱效率用（bit/s）/Hz/用户来衡量，5G 系统中两个指标均应相应提升。

4. 10（Mbit/s）/m^2 的业务密度

业务密度表征单一运营商在一定区域内的业务流量，适用于以下两个典型场景：① 大型露天集会场景中，数万用户产生的数据流量；② 办公室场景中，在同层用户同时产生上 Gbit/s 的数据流量。不同场景下的无线业务情况不同，相比于 IMT-Advanced，5G 的这一指标更有针对性。

NGMN 针对具体应用场景对系统性能指标需求进行了细化，如表 2-3 所示。

表 2-3　系统性能指标需求

场景	连接密度	流量密度
密集地区的宽带接入	200～2500/km²	下行：750（Gbit/s）/km² 上行：125（Gbit/s）/km²
室内超高宽带接入	75 000/km² （75/1000 m² 的办公室）	下行：15（Tbit/s）/km² 15（Gbit/s）/1000m² 上行：2（Tbit/s）/km² 2（Gbit/s）/1000 m²
人群中的宽带接入	15 0000/km² （30 000/体育场）	下行：3.75（Tbit/s）/km² （下行：0.75（Tbit/s）/体育场） 上行：7.5（Tbit/s）/km² 1.5（Tbit/s）/体育场
无处不在的 50＋Mbit/s	城郊 400/km² 农村 100/km²	下行：城郊 20（Gbit/s）/km² 上行：城郊 10（Gbit/s）/km² 下行：农村 5（Gbit/s）/km² 上行：农村 2.5（Gbit/s）/km²
低 ARPU（Average Revenue PerUser，每用户平均收入）地区的低成本宽带接入	16/m²	160（Mbit/s）/km²
移动宽带（汽车，火车）	2000/km²（4 辆火车每辆火车有 500 个活动用户，或 2000 辆汽车每辆汽车上有 1 个活动用户）	下行：100（Gbit/s）/km² （每辆火车 25 Gbit/s，每辆汽车 50 Mbit/s） 上行：50（Gbit/s）/km² （每辆火车 12.5 Gbit/s，每辆汽车 25 Mbit/s）
飞机连接	每架飞机 80 用户 每 18 000 km² 60 架飞机	下行：1.2（Gbit/s）/飞机 上行：600（Mbit/s）/飞机
大量低成本/长期的/低功率的 MTC	高达 200 000/km²	无苛刻要求
宽带 MTC	见"密集地区的宽带接入"和"无处不在的 50＋Mbit/s"场景中的需求	
超低时延	无苛刻要求	可能高
业务变化场景	10 000/km²	可能高
超高可靠性和超低时延	无苛刻要求	可能高
超高稳定性和可靠性	无苛刻要求	可能高
广播等服务	不相关	不相关

四、5G 技术框架展望

为满足 5G 网络性能及效率指标，需要在 4G 网络基础上聚焦无线接入和网络技术两个层面进行增强或革新。其中：

第一，为满足用户体验速率、峰值速率、流量密度、连接密度等需求，考虑空间域的大规模扩展、地理域的超密集部署、频率域的高带宽获取，以及先进的多址接入技术等无线接入候选技术。在定义无线空中接口技术框架时，应适应不同场景差异化的需求，应同时考虑 5G 新空口设计和 4G 网络的技术演进两条技术路线。

第二，为满足网络运营的成本效率、能源效率等需求，考虑多网络融合、网络虚拟化、软件化等网络架构增强候选技术。

第三节　5G 整体网络架构分析

一、5G 核心网演进方向

随着智能手机技术的快速演进，移动互联网爆发式增长已远远超出其设计者最初的想象。互联网流量迅猛增长、承载业务日益广泛使得移动通信在社会生活中起到的作用越来越重要，但也使得诸如安全性、稳定性、可控性等问题越来越尖锐。面对这些随之而来的问题，当前的核心网网络架构已经无法满足未来网络发展的需求。传统的解决方案都是将越来越多的复杂功能，如组播、防火墙、区分服务、流量工程、MPLS（Multi-Protocol Label Switch，多协议标签交换）等，加入互联网体系结构中。这使得路由器等交换设备越来越臃肿且性能提升的空间越来越小，同时网络创新越来越封闭，网络发展开始徘徊不前。

另一方面，诸多新业务的引入也给运营商网络的建设、维护和升级带来了巨大的挑战。运营商的网络是通过大型的不断增加的专属硬件设备来部署，即一项新网络服务的推出，通常需要将相应的硬件设备有效地引入并整合到网络中，而与之伴随的，就是设备能耗的增加、资本投入的增加以及整合和操作硬件设备的日趋复杂化。而且，随着技术的快速进步以及新业务的快速出现，硬件设备的生命周期也在变得越来越短，因此，现有的核心网网络架构很难满足未来 5G 的需求。

而 SDN（Software Defined Network，软件定义网络）和 NFV（Network Function Virtualization，网络功能虚拟化）为解决以上问题提供了很好的技术方法。

（一）软件定义网络

SDN 诞生于美国 GENI（Global Environment for Networking Investigations）项目资

助的斯坦福大学 Clean Slate 课题。SDN 并不是一个具体的技术，而是一种新型网络架构，是一种网络设计的理念。区别于传统网络架构，SDN 将控制功能从网络交换设备中分离出来，将其移入逻辑上独立的控制环境——网络控制系统之中。该系统可在通用的服务器上运行，任何用户可随时、直接进行控制功能编程。因此，控制功能不再局限于路由器中，也不再局限于只有设备的生产厂商才能够编程和定义。SDN 正在成为整个行业瞩目的焦点，越来越多的业界专家相信其将给传统网络架构带来一场革命性的变革。

尽管学术界和工业界仍然没有对于 SDN 的明确定义，但是根据 ONF（Open Networking Foundation，开放网络基金会）的规定，SDN 应具有以下三个特性：① 控制面与转发面分离；② 控制面集中化；③ 开放的可编程接口。

说到 SDN，就不能不提 OpenFlow。SDN 作为转发控制分离、集中控制和开放网络架构，是一个整体而又宽泛的概念，而 OpenFlow 是其转发面、控制面之间的一种南向接口。虽然并非唯一的接口，而且 OpenDayLight 等组织也提出了另外一些南向接口，但不可否认的是，OpenFlow 仍是目前市场中最为主流的接口协议。

在 SDN 中，网络控制层在逻辑上是集中的并且已从数据层中分离出来，而保持全网视图的 SDN 控制器是网络的大脑。SDN 通过基于标准和厂商中立的开源项目简化了网络设计和操作，更进一步而言，通过动态自主的 SDN 编程，网络的运行可以随时动态配置、管理和优化，自适应地匹配不断变化的需求。

将 SDN 成功应用到运营商网络中，一方面可以极大简化运营商对网络的管理，解决传统网络中无法避免的一些问题，如缺乏灵活性、对需求变化响应速度缓慢、无法实现网络的虚拟化以及高昂的成本等；另一方面可以有效支持 5G 网络中急速增长的流量需求。基于开源 API（Application Programming Interface，应用程序编程接口）和网络功能虚拟化接口，SDN 可以将服务从底层的物理基础设施中分离出来，并推动一个更加开放的无线生态系统。类似于无线 SDN 网络中的可编程切换、可编程基站和可编程网关将在 SDN 架构的蜂窝网中初露锋芒，同时更多的网络拓展功能如用户网络属性的可视化和空中接口的灵活自适应等将浮出水面。综上所述，SDN 将在未来 5G 网络中拥有光明的未来。

（二）网络功能虚拟化

2012 年 10 月，AT&T，Telefonica 等全球 13 家主流运营商发起并成立了 ETSI（欧洲电信标准组织）NFV 工作组，提出了 NFV（Network Function Virtualization，网络功能虚拟化）的概念。

运营商网络主要由专属电信设备组成。专属电信设备的主要优点是性能强、可靠性高、标准化程度高，但其存在的问题也比较明显：价格昂贵且对引入新业务的适配性较差。随着移动宽带业务的快速发展以及网络流量的迅猛增长，专属电信设备的这些缺点显得越来越明显，运营商迫切需要找到解决这些问题的方法。

可以说，NFV 就是由 ETSI 从运营商角度出发提出的一种软件和硬件分离的架构，主要是希望通过标准化的 IT（Information Technology，信息技术）虚拟化技术，采用业界标准的大容量服务器、存储和交换机承载各种各样的网络软件功能，实现软件的灵活加载，从而可以在数据中心、网络节点和用户端等不同位置灵活地部署配置，加快网络部署和调整的速度，降低业务部署的复杂度，提高网络设备的统一化、通用化、适配性等。由此带来的好处主要有两个，其一是标准设备成本低廉，能够节省部署专属硬件带来的巨大投资成本；其二是开放 API，能够获得更灵活的网络能力。

二、5G 无线接入网架构演进方向

为了更好地满足 5G 网络的要求，除了核心网架构需要进一步演进之外，无线接入网作为运营商网络的重要组成部分，也需要进行功能与架构的进一步优化与演进，以更好地满足 5G 网络的要求。

总体来说，5G 无线接入网将会是一个满足多场景的多层异构网络，能够有效地统一容纳传统的技术演进空口和 5G 新空口等多种接入技术，能够提升小区边缘协同处理效率并提升无线和回传资源的利用率。同时，5G 无线接入网需要由孤立的接入管道转向支持多制式/多样式接入点、分布式和集中式、有线和无线等灵活的网络拓扑和自适应的无线接入方式，接入网资源控制和协同能力将大大提高，基站可实现即插即用式动态部署方式，方便运营商可以根据不同的需求及应用场景，快速、灵活、高效、轻便地部署适配的 5G 网络。

（一）多网络融合

无线通信系统从 1G 到 4G，经历了迅猛的发展，现实网络逐步形成了包含无线制式多样、频谱利用广泛和覆盖范围全面的复杂现状，其中多种接入技术长期共存成为突出特征。

根据中国 IMT-2020 5G 推进组需求工作组的研究与评估，5G 需要在用户体验速率、连接数密度和端到端时延以及流量密度上具备比 4G 更高的性能，其中，用户体验速率、连接数密度和时延是 5G 最基本的三个性能指标。同时，5G 还需要大幅提升网络部署和运营的效率。相比于 4G，频谱效率需要提升 5～15 倍，能效和成本效率需要提升百倍以上。

而在 5G 时代，同一运营商拥有多张不同制式网络的现状将长期共存，多种无线接入技术共存会使得网络环境越来越复杂，例如，用户在不同网络之间进行移动切换时的时延更大。如果无法将多个网络进行有效的融合，上述性能指标，包括用户体验速率、连接数密度和时延，将很难在如此复杂的网络环境中得到满足。因此，在 5G 时代，如何将多网络进行更加高效、智能、动态的融合，提高运营商对多个网络的运维能力和集中控制管理能力，并最终满足 5G 网络的需求和性能指标，是运营商迫切需要解决的问题。

　　在 4G 网络中，演进的核心网已经提供了对多种网络的接入适配。但是，在某些不同网络之间，特别是不同标准组织定义的网络之间，例如由 3GPP 定义的 E-UTRAN（Evolved Universal Terrestrial Radio Access Network，进化型的统一陆地无线接入网络）和 IEEE（Institute of Electrical and Electronics Engineers，电气和电子工程师协会）定义的 WLAN（Wireless Local Area Networks，无线局域网络），缺乏网络侧统一的资源管理和调度转发机制，二者之间无法进行有效的信息交互和业务融合，对用户体验和整体的网络性能都有很大影响，比如网络不能及时将高负载的 LTE 网络用户切换到低负载的 WLAN 网络中，或者错误地将低负载的 LTE 网络用户切换到高负载的 WLAN 网络中，从而影响了用户体验和整体网络性能。

　　在未来 5G 网络中，多网络融合技术需要进一步优化和增强，并应考虑蜂窝系统内的多种接入技术（例如 3G、4G）和 WLAN。考虑到当前 WLAN 在分流运营商网络流量负载中起到的越来越重要的作用，以及 WLAN 通信技术的日趋成熟，将蜂窝通信系统和 WLAN 进行高效的融合需要给予充分的重视。

　　为了进一步提高运营商部署的 WLAN 网络的使用效率，提高 WLAN 网络的分流效果，3GPP 开展了 WLAN 与 3GPP 之间互操作技术的研究工作，致力于形成对用户透明的网络选择、灵活的网络切换与分流，以达到显著提升室内覆盖效果和充分利用 WLAN 资源的目的。

　　目前，WLAN 与 3GPP 的互操作和融合相关技术主要集中在核心网侧，包括非无缝和无缝两种业务的移动和切换方式，并在核心网侧引入了一个重要的网元功能单元——ANDSF（Access Network Discovery Support Functions，接入网络发现和选择功能单元）。ANDSF 的主要功能是辅助用户发现附近的网络，并提供接入的优先次序和管理这些网络的连接规则。用户利用 ANDSF 提供的信息，选择合适的网络进行接入。ANDSF 能够提供系统间移动性策略、接入网发现信息以及系统间路由信息等。然而，对运营商来说，这种机制尚不能充分提供对网络的灵活控制，例如对于接入网络的动态信息（如网络负载、链路质量、回传链路负荷等）难以顾及。为了使运营商能够对 WLAN 和 3GPP 网络的使用情况采取更加灵活、更加动态的联合控制，进一步降低运营成本，提供更好的用户体验，更有效地利用现有网络，并降低由于 WLAN 持续扫描造成的终端电量的大量消耗，3GPP 近年来对无线网络侧的 WLAN/3GPP 互操作方式也展开了研究以及相关标准化工作，并且在 3GPP 第 58 次 RAN（Radio Access Network，无线接入网）全会上正式通过了 WLAN/3GPP 无线侧互操作研究的 SI（Study Item，研究立项），在 3GPP 第 62 次 RAN 全会上进一步通过了 WLAN/3GPP 无线侧互操作研究的 WI（Work Item，工作立项）。目前，其在 3GPP Release 12 阶段的具体技术细节已经确定，标准制定工作已经基本完成。

WLAN/3GPP无线侧互操作的研究场景仅考虑由运营商部署并控制的WLAN AP（Access Point，接入点），且在每个UTRAN/E-UTRAN小区覆盖范围内可以同时存在多个WLAN APO考虑到实际的部署场景，该部分研究具体可以考虑以下两种部署场景：

共站址场景。在该场景中，eNB（evolved Node B，演进基站）与WLAN AP位于同一地点，并且二者之间可以通过非标准化的接口进行信息的交互和协调。

在WLAN/3GPP无线侧互操作技术的SI期间，共提出了三种WLAN和E-UTRAN/UT-RAN在无线侧的互操作方案。

方案一：RAN侧通过广播信令或专用信令提供分流辅助信息给UE（User Equipment，用户设备）。UE利用RAN侧提供的分流辅助信息、UE的测量信息、WLAN提供的信息，以及从核心网侧ANDSF获得的策略，将业务分流到WLAN或者RAN侧。

方案二：网络选择以及业务分流的具体规则由RAN侧在标准中规定，RAN通过广播或者专用信令提供RAN分流规则中所需的参数门限。当网络中不存在ANDSF规则时，UE依据RAN侧规定的分流规则将业务分流到WLAN或者3GPP上；当同时存在ANDSF时，ANDSF规则优先于RAN规则。

方案三：当UE处于RRC CONNECTED/CELL_DCH状态下，网络通过专用的分流命令控制业务的卸载。当UE处于空闲状态、CELL_FACH，CELL_PCH和URA_PCH状态时，具体方案同一或者二；或者，处于以上几个状态的UE，可以配置连接到RAN，并等待接收专用分流命令。

具体而言，eNB/RNC（Radio Network Controller，无线网络控制器）发送测量配置命令给UE，用于对目标WLAN测量信息的配置。UE进行测量，并基于事件触发测量上报过程。经过判决，eNB/RNC发送专用分流命令将UE的业务分流到WLAN或者3GPP网络。

基于SI阶段的研究成果，3GPP最终达成协议在WI阶段只研究基于UE控制的解决方案，也就是融合方案一和方案二的解决方案：RAN侧通过广播信令或专用信令提供辅助信息给UE，这些辅助信息包括E-UTRAN的信号强度门限、WLAN的信道利用率门限、WLAN的回传链路速率门限、WLAN信号强度门限、分流偏好指示以及WLAN识别号。UE可以利用收到辅助信息，并结合ANDSF分流策略或/和RAN分流策略，做出最终的分流决策。

为了满足5G网络的需求和性能指标，5G的多网络融合技术可以考虑分布式和集中式两种实现架构。其中，分布式多网络融合技术利用各个网络之间现有的、增强的甚至新增加的标准化接口，并辅以高效的分布式多网络协调算法来协调和融合各个网络。而集中式多网络融合技术则可以通过在RAN侧增加新的多网络融合逻辑控制实体或者功能将多个网络集中在RAN侧来统一管理和协调。

分布式多网络融合不需要多网络融合逻辑控制实体或者功能的集中控制，也不需要信息的集中收集和处理，因此该方案的鲁棒性较强，并且反应迅速，但是与集中式多网络融合技术相比不易达到全局的性能最优化。以 LTE 和 WLAN 网络融合为例，可以在 3GPP LTE 的 eNB 与 WLAN AP 之间新建一个标准化接口。该接口与 LTE eNB 之间的 X2 接口类似。LTE eNB 与 WLAN AP 可以通过该标准化接口进行信息的交互与协调。

集中式多网络融合需要多网络融合逻辑控制实体或者功能的集中控制，并且可以进行多网络信息的集中收集和处理，因此该方案能达到全局的性能最优化。以 LTE 和 WLAN 网络融合为例，根据 LTE eNB 和 WLAN AP 的部署场景（collocated 或者 non-collocated）和二者之间回传或者连接接口的特性（理想或者非理想），可以分别采用 WLAN/3GPP 载波聚合和 WLAN/3GPP 双连接两种融合方式。例如，可以对现有的 LTE eNB 实体进行增强，在无线侧引入新的 MRAC（Multi-RAT Adaptation and Control，多网络适配和控制）层，该层可以位于传统的 RLC（Radio Link Control，无线链路控制）层之上，负责将 LTE 网络传输的数据包与 WLAN 网络传输的数据包进行适配和控制，从而达到多网络融合的目的。或者可以将 LTE eNB 中已有的层进行修改和增强，比如 PDCP（Packet Data Convergence Protocol，分组数据汇聚协议）层，从而可以将 LTE 网络传输的数据包与 WLAN 网络传输的数据包进行适配和控制，从而达到多网络融合的目的。

（二）无线 MESH

根据 ITU-RWP5D 的讨论共识，5G 网络需要能够提供大于 10 Gbit/s 的峰值速率，并且能够提供 100 Mbit/s～1 Gbit/s 的用户体验速率，UDN（Ultra Dense Deployment，超密集网络部署）将是实现这些目标的重要方式和手段。通过超密集网络部署与小区微型化，频谱效率和接入网系统容量将会得到极大的提升，从而为超高峰值速率与超高用户体验提供基础。

总体而言，超密集网络部署具有以下特点。

1. 基站间距较小

虽然网络密集化在现有的网络部署中就有采用，但是站间距最小在 200 m 左右。在 5G UDN 场景中，站间距可以缩小到 10～20 m 左右，相比于当前部署而言，站间距显著减小。

2. 基站数量较多

UDN 场景通过小区超密集化部署提高频谱效率，但是为了能够提供连续覆盖，势必要大大增加微基站的数量。

3. 站址选择多样

大量小功率微基站密集部署在特定区域，相比于传统宏蜂窝部署而言，这其中会有一部分站址不会经过严格的站址规划，通常选择在方便部署的位置。

超密集网络部署在带来频谱效率、系统容量与峰值速率提升等好处的同时，也带来了极大的挑战：

第一，基站部署数量的增多会带来回传链路部署的增多，从网络建设和维护成本的角度考虑，超密集网络部署不适宜为所有的小型基站铺设高速有线线路（例如，光纤）来提供有线回传。

第二，由于在超密集网络部署中，微基站的站址通常难以预设站址，而是选择在便于部署的位置（例如，街边、屋顶或灯柱），这些位置通常无法铺设有线线路来提供回传链路。

第三，由于在超密集网络部署中，微基站间的站间距与传统的网络部署相比会非常小，因此基站间干扰会比传统网络部署要严重，因此，基站间如何进行高速、甚至实时的信息交互与协调，以便进一步采取高效的干扰协调与消除就显得尤为重要。而传统的基站间通信交互时延达到几十毫秒，难以满足高速、实时的基站间信息交互与协调的要求。

根据中国 IMT-2020 5G 推进组需求工作组的研究结果，5G 网络将需要支持各种不同特性的业务，例如，时延敏感的 M2M 数据传输业务、高带宽的视频传输业务等等。为适应多种业务类型的服务质量要求，需要对回传链路的传输进行精确的控制和优化，以提供不同时延、速率等性能的服务质量。而传统的基站间接口（例如，X2 接口）的传输时延与控制功能很难满足这些需求。

此外，根据中国 IMT-2020 5G 推进组发布的 5G 概念白皮书，连续广域覆盖场景将会是 5G 网络需要重点满足的应用场景之一。如何在人口较少的偏远地区，高效、灵活地部署基站，并对其进行高效的维护和管理，并且能够进一步实现基站的即插即用，以保证该类地区的良好覆盖及服务，也是运营商需要解决的问题。

无线 MESH 网络就是要构建快速、高效的基站间无线传输网络，着力满足数据传输速率和流量密度需求，实现易部署、易维护、用户体验轻快、一致的轻型 5G 网络：① 降低基站间进行数据传输与信令交互的时延；② 提供更加动态、灵活的回传选择，进一步支持在多场景下的基站即插即用。

5G 无线 MESH 网络，从回传的角度考虑，基础回传网络由有线回传与无线回传组成，具有有线回传的网关基站作为回传网络的网关，无线回传基站及其之间的无线传输链路则组成一个无线 MESH 网络。其中，无线回传基站在传输本小区回传数据的同时，还有能力中继转发相邻小区的回传数据。从基站协作的角度考虑，组成无线 MESH 网络的基站之间可以通过无线 MESH 网络快速交互需要协同服务的用户、协同传输的资源等信息，为用户提供高性能、一致性的服务及体验。

为了实现高效的无线 MESH 网络，以下技术方面需要着重考虑。

（1）无线 MESH 网络无线回传链路与无线接入链路的联合设计与联合优化

实现无线 MESH 网络首先需要考虑无线 MESH 网络中基站间无线回传链路基于何种

接入方式进行实现，并考虑与无线接入链路的关系。而该研究点也是业界诸多主流厂商们和国际 5G 项目的研究重点。首先，基于无线 MESH 的无线回传链路与 5G 的无线接入链路将会有许多相似之处：无线 MESH 网络中的无线回传链路可以（甚至将主要）工作在高频段上，这与 5G 无线关键技术中的高频通信的工作频段是类似的；无线 MESH 网络中的无线回传链路也可以工作在低频段上，这与传统的无线接入链路的工作频段是类似的；考虑到 5G 场景下微基站的增加与回传场景的多样化，无线 MESH 网络中的无线回传链路与无线接入链路的工作及传播环境是类似的。

考虑到以上因素，基于无线 MESH 的无线回传链路与 5G 的无线接入链路可以进行统一和融合，并按照需求进行相应的增强，比如，无线 MESH 网络的无线回传链路与 5G 的无线接入链路可以使用相同的接入技术；无线 MESH 网络的无线回传链路可以与 5G 无线接入链路使用相同的资源池；无线 MESH 网络中无线回传链路的资源管理、QOS 保障等功能可以与 5G 无线接入链路联合考虑。

这样做的好处包括：① 简化网络部署，尤其针对超密集网络部署场景；② 通过无线 MESH 网络的无线回传链路和无线接入链路的频谱资源动态共享，提高资源利用率；③ 可以针对无线 MESH 网络的无线回传链路和无线接入链路进行联合管理和维护，提高运维效率、减少 CAPEX 和 OPEX。

（2）无线 MESH 网络回传网关规划与管理

如何选取合适的有线回传基站作为网关，对无线 MESH 网络的性能具有很大影响。一方面，在进行超密集网络部署时，有线回传基站的可获得性取决于具体站址的物理限制；另一方面，有线回传基站位置的选取也要考虑区域业务分部特性。因此，在进行无线 MESH 网络回传网络设计时，可以首先确定可获得有线回传的位置和网络结构，然后根据具体的网络结构和业务的分布进一步确定回传网关的位置、数量等。通过无线 MESH 网络回传网关的规划和管理，可以在保证回传数据传输的同时，有效提升回传网络的效率和能力。

（3）无线 MESH 网络回传网络拓扑管理与路径优化

如何选择合适的回传路径也是决定无线 MESH 网络中回传性能的关键因素。一方面，无线 MESH 网络的回传拓扑和路径选择需要充分考虑无线链路的容量和业务需求，根据网络中业务的动态分布情况和 CQI（Channel Quality Indication）需求进行动态的管理和优化；另一方面，无线回传网络拓扑管理和优化需要考虑多种网络性能指标（Key Performance Indicator，KPI），例如，小区优先级、总吞吐率和服务质量等级保证。并且，在某些路径节点发生变化时（例如，某中继无线回传基站发生故障），无线 MESH 网络能够动态地进行路径更新及重配置。通过无线回传链路的拓扑管理和路径优化，使无线 MESH 网络能够及时、迅速地适应业务分布与网络状况的变化，并能够有效提升无线回传网络的性能和效率。

（4）无线 MESH 网络回传网络资源管理

在无线回传网络拓扑和回传路径确定之后，如何高效地管理无线 MESH 网络的资源显得至关重要。并且，如果无线回传链路与无线接入链路使用相同的频率资源，还需要考虑无线回传链路和网络接入链路的联合资源管理，以提升整体的系统性能，对于无线回传链路的资源管理，可以基于特定的调度准则，根据每个小区自身回传数据队列、中继数据队列以及接入链路的数据队列，调度特定的小区和链路在适合的时隙发送回传数据，从而满足业务服务质量要求。该调度器可以基于集中式，也可以基于分布式实现。

（5）无线 MESH 网络协议架构与接口研究

LTE 中基站间可以通过 X2 接口进行连接，3GPP 针对 X2 接口分别从用户面和控制面定义了相关的标准。考虑到无线 MESH 网络的无线回传链路及其接口固有的特性和与 X2 接口的明显差异，如何设计一套高效的、针对无线 MESH 网络的协议架构及接口标准显得十分必要。这其中就要考虑：① 无线 MESH 网络及接口建立、更改、终止等功能及标准流程；② 无线 MESH 网络中基站间控制信息交互、协调等功能及标准流程；③ 无线 MESH 网络中基站间数据传输、中继等功能及标准流程；④ 辅助实现无线 MESH 网络关键算法的承载信令及功能，例如资源管理算法。

另外，由于在超密集网络部署的场景下基站的站间距会非常小，基站间采用无线回传会带来严重的同频干扰问题。一方面，可以通过协议和算法的设计来减少甚至消除这些干扰；另一方面，也可以考虑如何与其他互补的关键技术相结合来降低干扰，例如高频通信技术、大规模天线技术等。

（三）虚拟化

5G 时代的网络需要提升网络综合能效，并且通过灵活的网络拓扑和架构来支持多元化、性能需求完全不同的各类服务与应用，并且需要进一步提升频谱效率，而且需要大幅降低密集部署所带来的难度与成本。而接入网作为运营商网络的重要组成部分，也需要进行进一步的功能与架构的优化与演进，进一步满足 5G 网络的要求。

现有的 LTE 接入网架构具有以下的局限性和不足：① 控制面比较分散，随着网络密集化，不利于无线资源管理、干扰管理、移动性管理等网络功能的收敛和优化；② 数据面不够独立，不利于新业务甚至虚拟运营商的灵活添加和管理；③ 各设备厂商的基站间接口的部分功能及实现理解不一致，导致不同厂商设备间的互联互通性能差，进而影响网络扩展、网络性能及用户体验；④ 不同 RAT（Radio Access Technology，无线接入技术）需要不同的硬件产品来实现，各无线接入技术资源不能完全整合；⑤ 网络设备如果想支持更高版本的技术特性，往往要通过硬件升级与改造，为运营商的网络升级和部署带来较大开销。

因此，接入网必须通过进一步的优化与演进来满足 5G 时代对接入网的需求。而接入网虚拟化就是接入网一个重要的优化与演进方向。

通过接入网虚拟化，可以：① 虚拟化不同无线接入技术处理资源，包括蜂窝无线通信技术与 WLAN 通信技术，最大化资源共享，提高用户与网络性能；② 与核心网的软件化与虚拟化演进相辅相成，促进网络架构的整体演进；③ 实现对接入网资源的切片化独立管理，方便新业务、新特性及虚拟运营商的灵活添加，并实现对虚拟运营商更智能的灵活管理和优化；④ 实现更加优化和智能的无线资源管理、干扰控制及移动性管理，提高用户与网络性能；⑤ 实现更加快速、低成本的网络升级与扩展。

实现接入网虚拟化的一个重要方面是实现对基站、物力资源及协议栈的虚拟化。目前，已有许多国际研究项目和科研院校对该方向展开了深入研究。FP7 资助的 4WARD 项目就从不同的方面对蜂窝网络的虚拟化展开了深入研究。基于 4WARD 提出的虚拟化模型，许多专家学者又展开了专门针对 LTE 的虚拟化研究工作。其中，提出了一种 LTE 虚拟化框架，并且提出了多种针对 MVNO（Mobile Virtual Network Operator，虚拟运营商）的虚拟化资源分配和管理方案，并且通过仿真与非虚拟化的系统进行了性能对比，对比结果显示了 LTE 虚拟化能够带来的系统和性能增益。

传统的运营商网络一般要求不同的运营商在相同地区使用不同的频带资源来为相应的用户群提供服务。随着虚拟运营商的大量引入，如果能够实现运营商网络资源的虚拟化，可以使不同的虚拟运营商动态共享传统运营商的频带资源，并通过网络资源的切片化来保证各虚拟运营商服务的独立性和个性化。

提出的 LTE 虚拟化框架主要涉及 LTE 基站的虚拟化。当前的 LTE 基站已经具备了资源调度功能，但虚拟化引入了额外的切片隔离和分配机制。

其中，管理器通过综合考虑不同虚拟基站/虚拟运营商的业务需求和与承载运营商签署的合同需求，动态地为每个切片分配物理资源。

实现接入网虚拟化的另外一个重要方面是要实现控制面和数据面的分离，并将某些控制功能集中化，实现更加优化和智能的无线资源管理、干扰控制及移动性管理，提高用户与网络性能。目前，也有许多国际研究项目和科研院校对该方向展开了深入研究。其中，提出的 SoftRAN 的虚拟化架构。在该架构中，控制器是核心单元。控制器主要负责定期收集某地理区域内所有无线单元的最新的网络状态信息，并将这些信息储存在 RAN 信息收集器中。控制器进一步根据业务和网络状况（例如，包括干扰状况、信道状况等），通过控制无线资源管理单元来为不同的无线单元集中分配用户面的无线资源。该架构的一个潜在问题就是如何将控制面繁多的控制功能合理地分配到无线单元（例如，基站）和控制器：① 所有会影响到邻小区控制策略制定的功能需要放在控制器中，因为这些功能需要多个无线单元的信息交互和协调；② 所有需要快速变化的参数输入的功能需要放在无线单元中，因为若这些功能放在控制器中，控制器与无线单元的交互时延会影响到输入参数的有效性。

另外，3GPP Release 12 的 DC 技术（Dual Connectivity，双连接）已经引入了控制与承载分离的研究，后续的研究可以基于该技术进行演进。

为了满足面向未来移动互联网和物联网多样化的业务需求以及广域覆盖、高容量、大连接、低时延、高可靠性等典型的应用场景，5G 网络将会由传统的网络架构向支持多制式和多接入、更灵活的网络拓扑以及更智能高效的资源协同的方向发展。SDN 和 NFV 技术的引入将会使 5G 网络变成更加灵活、智能、高效和开放的网络系统。高密度、智能化、可编程则代表了未来移动通信演进的进一步发展趋势。

第三章 调制解调技术

第一节 调制解调技术概述

随着超大规模集成电路、数字信号处理技术和软件无线电技术的发展，出现了新的多用途可编程信号处理器，使得数字调制解调器完全用软件来实现，可以在不替换硬件的情况下，重新设计或选择调制方式，改变和提高调制解调的性能。

一、调制技术概述

调制就是将基带信号加载到高频载波上的过程，其目的是将需要传输的模拟信号或数字信号变换成适合于信道传输的频带信号，以满足无线通信对信息传输的基本要求。如在生活中，我们要将一件货物运到几千千米外的地方，光靠人力本身显然是不现实的，必须借助运载工具来完成，如汽车、火车、飞机。如果将运载的货物换成是需要传输的信息，就是通信中的调制了。在这里，货物就相当于调制信号，运载工具相当于载波，将货物装到运载工具上就相当于调制过程，从运载工具上卸下货物就是解调。

调制器的模型如图 3-1 所示，它可以看作一个非线性网络，其中 $m(t)$ 为基带信号，$c(t)$ 为载波，$s_m(t)$ 为已调信号。基带信号是需传送的原始信息的电信号，它属于低频范围。基带信号直接发送存在两个缺点：很难实现多路远距离通信；要求有很长的天线，在工艺及使用上都是很困难的。载波信号是频率较高的高频、超高频甚至微波，若采用无线电发射，天线尺寸可以很小，并且对于不同的电台，可以采用不同的载波频率，这样接收时就很容易区分，就能实现多路互不干扰的传输。

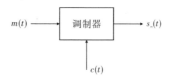

$$m(t) \longrightarrow \boxed{\text{调制器}} \longrightarrow s_m(t)$$
$$\uparrow$$
$$c(t)$$

图 3-1 调制器的模型

调制的实质是频谱搬移，即将携带信息的基带信号的频谱搬移到较高的频率范围，基带信号也称调制信号，经过调制后的信号称为频带信号或已调信号。已调信号具有 3 个基本特征：一是携带原始信息；二是适合于信道传输；三是信号的频谱具有带通形式，且中心频率远离零频。

二、基本数字调制技术

（一）数字基带信号

如果数字基带信号各码元波形相同而取值不同，则数字基带信号可表示为

$$s(t) = \sum_{n=-\infty}^{\infty} a_n g(t-nT_s)$$

其中，a_n 是第 n 个码元所对应的电平值，它可以取 0、1 或 -1、1 等；T_s 为码元间隔；$g(t)$ 为某种标准脉冲波形，通常为矩形脉冲。

常用的数字基带信号波形主要有单极性不归零波形、单极性归零波形、双极性不归零波形、双极性归零波形、差分波形和多电平波形等，如图 3-2 所示。

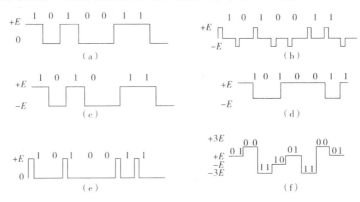

图 3-2　常见的数字基带信号波形

（a）单极性不归零波形；（b）双极性不归零波形；（c）单极性归零波形；

（d）双极性归零波形；（e）差分波形；（f）多电平波形

（二）二进制振幅键控

正弦载波的幅度随数字基带信号的变化而变化的数字调制方式称为振幅键控。当载波的振幅随二进制数字基带信号 1 和 0 在两个状态之间变化，而其频率和相位保持不变时，则为二进制振幅键控（2ASK）。设发送的二进制数字基带信号由码元 0 和 1 组成，其中发送 0 码的概率为 P，发送 1 码的概率为 $1-P$，且两者相互独立，则该二进制数字基带信号可表示为

$$s(t) = \sum_{n=-\infty}^{\infty} a_n g(t-nT_s)$$

式中，a_n 为符合下列关系的二进制序列的第 n 个码元 0，发送概率为 P

$$a_n = \begin{cases} 0, & \text{发送概率为 } P \\ 1, & \text{发送概率为 } 1-P \end{cases}$$

$g(t)$ 是持续时间为正的归一化矩形脉冲

$$g(t) = \begin{cases} 1, & 0 \leqslant t \leqslant T_s \\ 0, & \text{其他？} \end{cases}$$

则 2ASK 信号的一般时域表达式为

$$s_{2ASK}(t) = \sum_n a_n g(t - nT_s) \cos \omega_c t$$

(3-1)

其中，ω_c 为载波角频率，为了简化，这里假设载波的振幅为 1。由式（3-1）可见，二进制振幅键控（2ASK）信号可以看成是一个单极性矩形脉冲序列与一个正弦型载波相乘。

2ASK 信号的波形随二进制基带信号 $s(t)$ 通断变化，因而又被称为通断键控信号（OOK）。2ASK 信号的产生方法有两种：一种是模拟调制法，即按照模拟调制原理来实现数字调制，只需将调制信号由模拟信号改成数字基带信号；另一种是键控调制法，即根据数字基带信号的不同来控制载波信号的"有"和"无"来实现。如当二进制数字基带信号为 1 时，对应有载波输出，当二进制数字基带信号为 0 时，则无载波输出，即载波在数字基带信号 1 或 0 的控制下实现通或断。

2ASK 信号的功率谱密度为数字基带信号功率谱密度的线性搬移，数字基带信号的功率谱密度为 $P_s(f)$，则 2ASK 信号功率谱密度为

$$P_{2ASK}(f) = \frac{1}{4} \left[P_s(f + f_c) + P_s(f - f_c) \right]$$

（三）二进制移频键控

移频键控是利用正弦载波的频率变化来表示数字信息，而载波的幅度和初始相位保持不变。如果正弦载波的频率随二进制基带信号 1 和 0 在 f_1 和 f_2 两个频率点间变化，则为二进制移频键控（2FSK）。设发送 1 码时，载波频率为 f_1，发送 0 码时，载波频率为 f_2，则 2FSK 信号的时域表达式为

$$s_{2FSK}(t) = \left[\sum_n a_n g(t - nT_s) \right] \cos \omega_1 t + \left[\sum_n \bar{a}_n g(t - nT_s) \right] \cos \omega_2 t$$

(3-2)

其中，$\omega_1 = 2\pi f_1$，$\omega_2 = 2\pi f_2$；$\bar{a}_n$ 是 $= a_n$ 的取反，即

$$a_n = \begin{cases} 0, & \text{概率为 } P \\ 1, & \text{概率为 } 1-P \end{cases}$$

$$\bar{a}_n = \begin{cases} 1, & \text{概率为 } P \\ 0, & \text{概率为 } 1-P \end{cases}$$

从式（3-2）可以看出，2FSK 信号可以看成是两个不同载频交替发送的 2ASK 信号的叠加。

2FSK 信号的产生可以采用模拟调频电路和数字键控两种方法实现。图 3-3 是用数字键控的方法产生二进制移频键控信号的原理图。

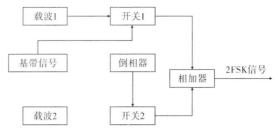

图 3-3　数字键控法产生 2FSK 信号原理图

2FSK 信号的功率谱密度为

$$P_{2FSK}(f) = \frac{1}{4}\left[P_s(f-f_1)+P_s(f+f_1)+P_s(f-f_2)+P_s(f+f_2)\right]$$

图 3-4 所示为 2FSK 信号的功率谱。对于 2FSK 信号，通常可定义其移频键控指数

$$h = |f_1 - f_2| f_s$$

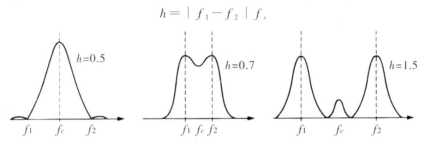

图 3-4　2FSK 信号的功率谱（两个频率差对功率谱的影响）

若以 2FSK 信号功率谱第一个零点之间的频率间隔定义为二进制移频键控信号的带宽，则该二进制移频键控信号的带宽 B_{2FSK} 为

$$B_{2FSK} = |f_1 - f_2| + 2f_s$$

（四）二进制移相键控

1. 2PSK 调制

移相键控是指正弦载波的相位随数字基带信号离散变化，二进制移相键控（2PSK）是用二进制数字基带信号控制载波的相位变化有两个状态，例如，二进制数字基带信号的 1 和 0 分别对应着载波的相位 0 和 π。

二进制移相键控信号表达式为

$$s_{2PSK}(t) = \left[\sum_n a_n g(t-nT_s)\right]\cos\omega_c t$$

其中，a_n 为双极性数字信号，即

$$a_n = \begin{cases} +1, & 概率为 P \\ -1, & 概率为 1-P \end{cases}$$

当 $g(t)$ 是持续时间为 T_s 的归一化矩形脉冲时，有

$$s_{2PSK}(t) = \begin{cases} \cos\omega_c t, & 概率为 P \\ -\cos\omega_c t = \cos(\omega_c t+\pi), & 概率为 1-P \end{cases}$$

(3-3)

由式（3-3）可见，当发送 1 时，2PSK 信号载波相位为 0，发送 0 时载波相位为 π，若用 φ_n 表示第 n 个码元的相位，则有

$$\varphi_n = \begin{cases} 0，发送 "1" \\ \pi，发送 "0" \end{cases}$$

这种二进制数字基带信号直接与载波的不同相位相对应的调制方式通常称为二进制绝对移相调制。

2PSK 信号的功率谱密度为

$$P_{2PSK}(f) = \frac{1}{4}\left[P_s(f-f_c) + P_s(f+f_c)\right]$$

2PSK 信号的功率谱密度如图 3-5 所示。

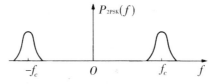

图 3-5　2PSK 信号的功率谱密度

2. 2DPSK 调制

由于 2PSK 调制方式在解调过程中会产生随机"倒 π"现象，所以常采用二进制差分移相键控（2DPSK）。2DPSK 调制方式是用前后相邻码元的载波相对相位变化来表示数字信息，所以又称为相对移相键控。假设 $\Delta\varphi$ 为前后相邻码元的载波相位差，可定义一种数字信息与 $\Delta\varphi$ 之间的关系

$$\Delta\varphi = \begin{cases} 0，表示数字信息 "0" \\ \pi，表示数字信息 "1" \end{cases}$$

或

$$\Delta\varphi = \begin{cases} \pi，表示数字信息 "0" \\ 0，表示数字信息 "1" \end{cases}$$

2DPSK 信号调制器原理图如图 3-6 所示。

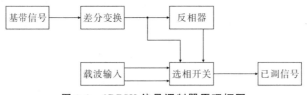

图 3-6　2DPSK 信号调制器原理框图

2DPSK 信号的功率谱密度与 2PSK 信号的功率谱密度是相同的。

第二节　最小移频键控

一、最小频移键控的原理

MSK 是一种特殊形式的 FSK，其频差是满足两个相互正交（即相关函数等于零）的

最小频差，并要求 FSK 信号的相位连续，其调制指数为

$$h=\frac{\mid f_1-f_2\mid}{f_0}=\frac{\Delta f}{f_b}=0.5$$

MSK 信号的表达式为

$$s_{MSK}(t)=\cos\left(\omega_c t+\frac{\pi}{2T_b}a_k t+\varphi_k\right)$$

式中，a_k 为输入序列，取"＋1"或"－1"；T_b 为输入数据流的比特宽度；φ_k 是为了保证 $t=kT_b$ 时相位连续而加入的相位常量。令

$$\theta_k=\frac{\pi}{2T_b}a_k t+\varphi_k,\quad kT_b\leqslant t\leqslant(k+1)T_b$$

$$(3\text{-}4)$$

式（3-4）为一直线方程，斜率为 $\pm\frac{\pi}{2T_b}$，截距为 φ_k。所以，在一个比特区间内，相位线性地增加或减少。

为了保证相位连续，在 t＝kT_b 时应有下式成立

$$\theta_{k-1}(kT_b)=\theta_k[kT_b]$$

从而有

$$\varphi_k=\varphi_{k-1}+(a_{k-1}-a_k)\frac{k\pi}{2}$$

$$(3\text{-}5)$$

设 $\theta_0=0$，则 $\varphi_k=0$ 或 $\varphi_k=\pm k\pi$。式（3-5）表明：本比特内的相位常数不仅与本比特区间的输入有关，还与前一个比特区间内的输入及相位常数有关。

二、MSK 信号的正交表示

MSK 信号表达式可正交展开为

$$s_{MSK}(t)=\cos\left(\frac{\pi a_k}{2T_b}+\varphi_k\right)\cos\omega_0 t-\sin\left(\frac{\pi a_k}{2T_b}t+\varphi_k\right)\sin\omega_0 t$$

$$(3\text{-}6)$$

由于

$$\cos\left(\frac{\pi a_k}{2T_b}+\varphi_k\right)=\cos\frac{\pi a_k}{2T_b}t\cos\varphi_k-\sin\frac{\pi a_k}{2T_b}t\sin\varphi_k=\cos\varphi_k\cos\frac{\pi t}{2T_b}$$

$$(3\text{-}7)$$

$$\sin\left(\frac{\pi a_k}{2T_b}t+\varphi_k\right)=\sin\frac{\pi a_k}{2T_b}t\cos\varphi_k+\cos\frac{\pi a_k}{2T_b}t\sin\varphi_k=a_k\cos\varphi_k\sin\frac{\pi t}{2T_b}$$

$$(3\text{-}8)$$

式中，考虑到 $\varphi_k = k\pi$，$a_k = \pm 1$，有 $\sin \varphi_k = 0$，$\cos \varphi_k = \pm 1$。

将式（3-7）和式（3-8）代入式（3-6），可得

$$s_{\text{MSK}}(t) = \cos \varphi_k \cos \frac{\pi t}{2T_b} \cos \omega_0 t - a_k \cos \varphi_k \sin \frac{\pi t}{2T_b} \sin \omega_0 t$$

$$= I_k \cos \frac{\pi t}{2T_b} \cos \omega_0 t + Q_k \sin \frac{\pi t}{2T_b} \sin \omega_0 t$$

$$(3\text{-}9)$$

式中，$I_k = \cos \varphi_k$，$Q_k = -a_k \cos \varphi_k$ 物分别为同相支路和正交支路的等效数据。

式（3-9）表示，MSK 信号可以分解为同相分量和正交分量两部分。同相分量的载波为 $\cos \varphi_k$，I_k 中包含输入码的等效数据，$\cos \frac{\pi t}{2T_b}$ 是其正弦形加权函数；正交分量的载波为 $\sin \omega_0 t$，Q_k 中包含输入码的等效数据，$\sin \frac{\pi t}{2T_b}$ 是其正弦形加权函数。

三、信号的解调

（一）MSK 信号的功率谱密度

MSK 信号和 QPSK 信号的功率谱表示式分别为

$$P_{\text{MSK}}(f) = \frac{16A^2 T_b}{\pi^2} \left\{ \frac{\cos 2\pi (f - f_0) T_b}{1 - [4(f - f_0) T_b]} \right\}^2$$

$$P_{\text{QPSK}}(f) = 2A^2 T_b \left[\frac{\cos 2\pi (f - f_0) T_b}{2\pi (f - f_0) T_b]} \right]^2$$

式中，A 为信号的振幅。

（二）MSK 信号的解调

由于 MSK 信号是一种 FSK 信号，所以它可以采用解调 FSK 信号的相干或非相干解调。

第三节　高斯最小移频键控

一、GMSK 信号的波形和相位路径

实际上，MSK 信号可以由 FM 调制器来产生，MSK 信号在码元转换时刻虽然保持相位连续，但相位变化是折线，在码元转换时刻会产生尖角，使其频谱特性的旁瓣滚降缓慢，带外辐射还相对较大。为了解决这一问题，可将数字基带信号先经过一个高斯滤波器整形（预滤波），得到平滑后的某种新的波形后再进行调频，从而得到良好的频谱特性，调制指数仍为 0.5。

高斯低通滤波器的冲击响应为

$$h(t) = \sqrt{\pi}\alpha\exp(-\pi^2\alpha^2 t^2)$$

$$\alpha = \sqrt{\frac{2}{\ln 2}}B_b$$

式中，B_b 为高斯滤波器的 3 dB 带宽。

二、GMSK 信号的调制与解调

从原理上 GMSK 信号可用 FM 方法产生。所产生的 FSK 信号是相位连续的 FSK，只要控制调频指数 k_f，使 $h=0.5$，便可以获得 GMSK。但在实际的调制系统中，常常采用正交调制方法。因为

$$s_{\text{GMSK}}(t) = \cos\left[\omega_c t + k_f\int_{-\infty}^{t}q(\tau)\,\mathrm{d}\tau\right] = \cos\left[\omega_c t + \theta(t)\right]$$
$$= \cos\theta(t)\cos\omega_c t - \sin\theta(t)\sin\omega_c t$$

式中

$$\theta(t) = \theta(kT_b) + \Delta\theta(t)$$

在正交调制中，把式中 $\cos\theta(t)$，$\sin\theta(t)$ 看成是经过波形形成后的两条支路的基带信号。现在的问题是如何根据输入的数据 bk 求得这两个基带信号。因为 $\Delta\theta(t)$ 是第 k 个码元期间信号相位随时间变化的量，因此 $\theta(t)$ 可以通过 $\Delta\theta(t)$ 对的累加得到。由于在一个码元 $q(t)$ 内波形为有限，在实际的应用中可以事先制作 $\cos\theta(t)$ 和 $\sin\theta(t)$ 两张表，根据输入数据通过查表读出相应的数值，得到相应的 $\cos\theta(t)$ 和 $\sin\theta(t)$ 波形。

GMSK 可以用相干方法解调，也可以用非相干方法解调。但在移动信道中，提取相干载波是比较困难的，通常采用非相干的差分解调方法。

设接收到的信号为

$$s(t) = s_{\text{GMSK}}(t) = A(t)\cos\left[\omega_c t + \theta(t)\right]$$

这里，$A(t)$ 是信道衰落引起的时变包络。接收机把 $s(t)$ 分成两路，一路经过 1 bit 的延迟和 90°的移相，得到 $W(t)$

$$W(t) = A(t-T_b)\cos\left[\omega_c(t-T_b) + \theta(t-T_b) + \frac{\pi}{2}\right]$$

它与另一路的 $s(t)$ 相乘得 $x(t)$

$$x(t) = s(t)W(t)$$
$$= A(t)A(t-T_0)\times\frac{1}{2}\left\{\sin\left[\theta(t) - \theta(t-T_b) + \omega_c T_b\right] - \right.$$
$$\left. \sin\left[2\omega_c t - \omega_t T_b + \theta(t) + \theta(t-T_b)\right]\right\}$$

经过低通滤波同时考虑到 $\omega_t T_b = 2n\pi$，得到 $y(t)$ 为

$$y(t) = \frac{1}{2}A(t)A(t-T_b)\sin[\theta(t)-\theta(t-T_0)+\omega_c T_b]$$

$$= \frac{1}{2}A(t)A(t-T_b)\sin[\Delta\theta(t)]$$

式中，$\Delta\theta(t) = \theta(t) - \theta(t-T_b)$ 是一个码元的相位增量。由于 $A(t)$ 是包络，总是 $A(t)A(t-T_b) > 0$，在 $t = (k+1)T_b$ 时刻对 $y(t)$ 抽样得到 $y[(k+1)T_b]$，它的符号取决于 $\Delta\theta[(k+1)T_b]$ 的符号，根据前面对 $\Delta\theta(t)$ 路径的分析，就可以进行判决

$y[(k+1)T_b] > 0$，即 $\Delta\theta[(k+1)T_b] > 0$ 判决解调的数据为 $b_k = \pm 1$；

$y[(k+1)T_b] < 0$，即 $\Delta\theta[(k+1)T_b] < 0$ 判决解调的数据为 $b_k = -1$。

第四节 QPSK 调制及高阶调制

一、QPSK 调制

（一）四相调制 QPSK

1. QPSK 信号的表示

在 QPSK 调制中，在要发送的比特序列中，每两个相连的比特分为一组构成一个 4 进制的码元，即双比特码元。双比特码元的 4 种状态用载波的 4 个不同相位 A 以＝1，2，3，4 表示

QPSK 信号可以表示为

$$s_{QPS}(t) = A\cos(\omega_c t + \varphi_k), \quad k = 1, 2, 3, 4, \quad kT_s \leqslant t \leqslant (k+1)T_s$$

其中，A 为信号的幅度；ω_c 为载波频率。

2. QPSK 信号的产生

$$s_{QPS}(t) = A\cos(\omega_c t + \varphi_k)$$

$$= A\cos\omega_c t\cos\varphi_k - A\sin\omega_c t\sin\varphi_k$$

$$= I_k\cos\omega_c t - Q_k\sin\omega_c t$$

$$(3\text{-}10)$$

式中，$I_k = A\cos\varphi_k$；$Q_k = A\sin\varphi_k$；$\varphi_k = \arctan\dfrac{Q_k}{I_k}$。

令双比特码元 $(a_k, b_k) = (I_k, Q_k)$，则式（3-10）就是相位逻辑的 QPSK 信号。

3. QPSK 信号的功率谱和带宽

正交调制产生 QPSK 信号的方法实际上是把两个 BPSK 信号相加。QPSK 信号比

BPSK 信号的频带效率高出一倍，但当基带信号的波形是方波序列时，它含有较丰富的高频分量，所以已调信号功率谱的副瓣仍然很大，计算机分析表明信号主瓣的功率占 90%，而 99% 的功率带宽约为 $10R_s$。在两个支路加入低通滤波器（LPF），对形成的基带信号实现限带，衰减其部分高频分量，就可以减小已调信号的副瓣。

采用升余弦滤波的 QPSK 信号的功率谱在理想情况下，信号的功率完全被限制在升余弦滤波器的通带内，带宽为

$$B = (1+\alpha) R_s = \frac{R_b (1+\alpha)}{2}$$

式中，α 为滤波器的滚降系数（$0 < \alpha \leqslant 1$）。

（二）OQPSK

OQPSK 是 Offset QPSK 的缩写，称为交错正交相移键控，即它的 I、Q 两支路在时间上错开一比特的持续时间，因而两支路码元不可能同时转换，进而它最多只能有 $\pm 90°$ 相位的跳变。相位跳变变小，所以它的频谱特性比 QPSK 好，即旁瓣的幅度要小一些。其他特性均与 QPSK 差不多。

（三）π/4-QPSK

1. π/4-QPSK 信号的产生

π/4-QPSK 调制是对 OQPSK 和 QPSK 在最大相位变化上进行折中。它可以用相干或非相干方法进行解调。在 π/4-QPSK 中，最大相位变化限制在 $\pm 135°$。因此，带宽受限的 QPSK 信号在恒包络性能方面较好，但是在包络变化方面比 OQPSK 要敏感。非常吸引人的一个特点是，π/4-QPSK 可以采用非相干检测解调，这将大大简化接收机的设计。在采用差分编码后，π/4-QPSK 可成为 π/4-DQPSK。设已调信号为

$$s(t) = \cos(\omega_c t + \theta_k)$$

式中，θ_k 为 $kT \leqslant t \leqslant (k+1)T$ 间的附加相位。上式展开为

$$s(t) = \cos(\omega_c t + \theta_k) = \cos \omega_c t \cos \theta_k - \sin \omega_c t \sin \theta_k$$

式中，θ_k 是前一码元附加相位 θ_{k-1} 与当前码元相位跳变量 $\Delta\theta_k$ 之和。当前相位的表示如下

$$\theta_k = \theta_{k-1} + \Delta\theta_k$$

设当前码元两正交信号分别为

$$U_I(t) = \cos \theta_k = \cos(\theta_{k-1} + \Delta\theta_k) = \cos \theta_{k-1} \cos \Delta\theta_k - \sin \theta_{k-1} \sin \Delta\theta_k$$

$$U_Q(t) = \sin \theta_k = \sin(\theta_{k-1} + \Delta\theta_k) = \sin \theta_{k-1} \cos \Delta\theta_k + \cos \theta_{k-1} \sin \Delta\theta_k$$

令前一码元两正交信号幅度为 $U_{Qm} = \sin \theta_{k-1}$，$U_{Im} = \cos \theta_{k-1}$，则有

$$U_I(t) = U_{Im} \cos \Delta\theta_k - U_{Qm} \sin \Delta\theta_k$$

$$U_Q(t) = U_{Qm} \cos \Delta\theta_k + U_{Im} \sin \Delta\theta_k$$

可知，码元转换时刻的相位跳变只有 $\pm\dfrac{\pi}{4}$ 和 $\pm\dfrac{3}{4}\pi$ 四种取值。信号的频谱特性得到了较大的改善。U_Q 和 U_1 只可能有 $\pm\dfrac{1}{\sqrt{2}}$，±1 这 5 种取值，且 0，$\pm\dfrac{1}{\sqrt{2}}$，±1 和相隔出现。

2. π/4-QPSK 信号的解调

（1）基带差分检测

基带差分检测电路：

设接收信号为

$$s(t)=\cos(\omega_c t+\theta_k),\ kT\leqslant t\leqslant(k+1)T$$

$s(t)$ 经高通滤波器（$\sqrt{2}$ BPF）、相乘器、低通滤波器（LPF）后的两路输出 x_k，y_k 分别为

$$x_k=\frac{1}{2}\cos(\theta_k-\theta_0)$$

$$y_k=\frac{1}{2}\sin(\theta_k-\theta_0)$$

式中，θ_0 是本地载波信号的固有相位差。x_k、y_k 取值为 ±1，0，$\pm\dfrac{1}{\sqrt{2}}$。

令基带差分变换规则为

$$I'_k=x_k x_{k-1}+y_k y_{k-1}$$
$$Q'_k=y_k x_{k-1}-x_k y_{k-1}$$

由此可得

$$I'_k=\frac{1}{4}\cos\Delta\theta_k$$

$$Q'_k=\frac{1}{4}\sin\Delta\theta_k$$

θ_0 对检测信息无影响。接收机接收信号码元携带的双比特信息判断如下

$$Q'_k>0\ 判为\ 1$$
$$Q'_k<0\ 判为\ 0$$
$$I'_k>0\ 判为\ 1$$
$$I'_k<0\ 判为\ 0$$

（2）中频延迟差分检测

该检测电路的特点是在进行基带差分变换时无须使用本地相干载波

$$s(t)=\cos(\omega_c t+\theta_k),\ kT\leqslant t\leqslant(k+1)T$$

经延时电路和 $\dfrac{\pi}{2}$ 相移电路后输出电压为

$$s_1(t) = \cos(\omega_c t + \theta_{k-1}), \quad kT \leqslant t \leqslant (k+1)T$$

$$s_2(t) = -\sin(\omega_c t + \theta_k), \quad kT \leqslant t \leqslant (k+1)T$$

$s(t)$ 经 $\sqrt{2}$ BPF 分别与 $s_1(t)$，$s_2(t)$ 经相乘后的输出电压为

$$x(t) = \cos(\omega_c t + \theta_k)\cos(\omega_c t + \theta_{k-1})$$

$$y(t) = -\sin(\omega_c t + \theta_k)\cos(\omega_c t + \theta_{k-1})$$

$x(t)$，$y(t)$ 经 LPF 滤波后输出电压为

$$x(k) = \frac{1}{2}\cos\Delta\theta_k$$

$$y(k) = \frac{1}{2}\sin\Delta\theta_k$$

此后的基带差分及数据判决过程与基带差分检测相同。

（3）鉴频器检测（FM discriminator）

输入信号先经过带通滤波器，而后经过限幅去掉包络起伏。鉴频器取出接收相位的瞬时频率偏离量。通过一个符号周期的积分和释放电路，得到两个样点的相位差。该相位差通过四电平的门限比较得到原始信号。

3. $\pi/4$-QPSK 信号的误码性能

误码性能：

$\pi/4$-QPSK 误码性能与所采用的检测方式有关。采用基带差分检测方式的误比特率与比特能量噪声功率密度比 $\dfrac{E_b}{N_0}$ 之间的关系式为

$$P_e = e^{-\frac{2E_b}{N_0}} \sum_{k=0}^{\infty} (\sqrt{2}-1)^k I_k\left(\sqrt{2}\frac{E_b}{N_0}\right) - \frac{1}{2} I_0\left(\sqrt{2}\frac{E_b}{N_0}\right) e^{-\frac{2E_b}{N_0}}$$

$$(3-11)$$

式中 $I_k\left(\sqrt{2}\dfrac{E_b}{N_0}\right)$ 是参量为 $\sqrt{2}\dfrac{E_b}{N_0}$ 的 k 阶修正第一类贝塞尔函数。

在稳态高斯信道中，根据式（3-11）可做出 $\pi/4$-QPSK 基带差分检测误码性能曲线。它比实际的差分检测曲线高 2 dB 的功率增益，比 QPSK 相干检测曲线差 3 dB 功率增益。

实践证明，$\pi/4$-QPSK 信号具有频谱特性好、功率效率高、抗干扰能力强等特点。可以在 25 kHz 带宽内传输 32 kbps 的数字信息，从而有效地提高了频谱利用率，增大了系统容量。对于大功率系统，易引入非线性，从而破坏线性调制的特征。因而 $\pi/4$-QPSK 信号在数字移动通信中，特别是低功率系统中得到了广泛应用。

二、高阶调制

（一）M 进制移相键控（MPSK）

MPSK 信号是使用 MPAM 数字基带信号对载波的相位进行调制得到的，每个 M 进制的符号对应一个载波相位，MPSK 信号可以表示为

$$s_i(t) = g_T(t) \cos\left[\omega_c t + \frac{2\pi(i-1)}{M}\right]$$

$$= g_T(t)\left[\cos\frac{2\pi(i-1)}{M}\cos\omega_c t - \sin\frac{2\pi(i-1)}{M}\sin\omega_c t\right]$$

(3-12)

式中 $i = 1, 2, \cdots, M$；$0 \leq t \leq T_s$。

每个 MPSK 信号的能量为 E_s，即

$$E_s \int_0^{T_s} s_i^2(t)\,dt = \frac{1}{2}\int_0^{T_s} g_T^2(t)\,dt = \frac{1}{2}E_g$$

由式（3-12）看出可以把 MPSK 信号映射到一个二维的矢量空间上，这个矢量空间的两个归一化正交基函数为

$$f_1(t) = \sqrt{\frac{2}{T_s}}\cos\omega_c t$$

$$f_2(t) = -\sqrt{\frac{2}{T_s}}\sin\omega_c t$$

MPSK 信号的正交展开式为

$$s_i(t) = s_{i1}f_1(t) + s_{i2}f_2(t)$$

其中

$$s_{i1} = \int_0^T s_i(t)f_1(t)\,dt \quad s_{i2} = \int_0^T s_i(t)f_2(t)\,dt$$

MPSK 信号的二维矢量表示为

$$s_i = (s_{i1}, s_{i2})$$

相邻符号间的欧氏距离为

$$d_{\min} = \sqrt{E_g\left(1 - \cos\frac{2\pi}{M}\right)}$$

（二）MQAM 调制

1. MQAM 信号的产生和解调

MQAM 调制原理是输入的二进制序列经过串并转换器输出速率减半的两路并行序列，分别经过 2 到 L（$L = \sqrt{M}$）电平变换，形成三电平的基带信号 $m_I(t)$ 和 $m_Q(t)$。为了抑制已调信号的带外辐射，$m_I(t)$ 和 $m_Q(t)$ 需要经过预调低通滤波器，再分别与同相载波和正交载波相乘，最后将两路信号相加即可得到 MQAM 信号。

2. MQAM 信号的性能

（1）MQAM 信号的抗噪性能

在矢量图中相邻点的最小距离直接代表噪声容限的大小。当信号受到噪声和干扰的损

害时，接收信号错误概率将随之增大。设其最大振幅为 A_M，则 16PSK 信号相邻点间的欧氏距离为

$$d_{16PSK} \approx A_M\left(\frac{\pi}{8}\right) = 0.393 A_M$$

(3-13)

而 16QAM 信号相邻点间的欧氏距离为

$$d_{16QAM} \approx \frac{\sqrt{2} A_M}{3} = 0.471 A_M$$

(3-14)

d_{16PSK} 和 d_{16QAM} 的比值代表这两种体制的噪声容限之比。可以看出，在其他条件相同的情况下，采用 QAM 调制可以增大各信号间的距离，提高抗干扰能力。

（2）MQAM 信号的频带利用率

每个电平包含的比特数目越多，效率就越高。MQAM 信号是由同相支路和正交支路的上进制的 ASK 信号叠加而成的，所以 MQAM 信号的信息频带利用率为

$$\eta = \frac{\log_2 M}{2} = \log_2 L$$

但需要指出的是，QAM 的高频带利用率是以牺牲其抗干扰性能为代价获得的，进制数越大，信号星座点数越多，其抗干扰性能就越差。因为随着进制数的增加，不同信号星座点间的距离变小，噪声容限减小，同样噪声条件下的误码率也就增加。

第四章　多址接入与抗衰落技术

第一节　多址接入技术

一、基本原理

移动通信中的多址接入是指多个移动用户通过不同的地址可以共同接入某个基站，原理上与固定通信中的多路复用相似，但有所不同。多路复用的目的是区分多个通路，通常在基带和中频上实现，而多址区分不同的用户地址，一般需要利用射频来实现。为了让多址信号之间互不干扰，无线电信号之间必须满足正交特性。信号的正交特性利用正交参量 λ_i（$i=1,2,\ldots,n$）来实现。在发送端设有一组相互正交信号为

$$X_t = \sum_{i=1}^{n} \lambda_i x_i\ (t)$$

式中，$x_i\ (t)$ 为第 i 个信号以 λ_i 为第 i 个用户的正交量，且满足

$$\lambda_i \cdot \lambda_j = \begin{cases} 1, & i=j \\ 0, & i \neq j \end{cases}$$

正交参量确定后则可确定多址方式，也就确定了信号传输的信道。

二、FDMA 方式

FDMA 即频分多址，是利用频率作为正交参量的多址方式，所以用户能够同时发送信号，信号之间通过不同的工作频率来区分。在频率轴上，前向信道占有较高的频带，反向信道占有较低的频带，两者之间留有保护频段，保护频段一般必须大于一定数值。此外，用户信道之间通常要设有载频间隔，以避免系统频率漂移造成频道间的重叠。

图 4-1 列出了 AMPS、TACS 和 CT-2 三种制式的多址方式。

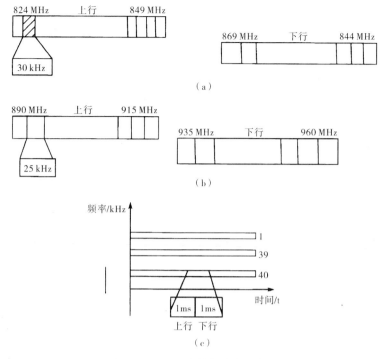

图 4-1 不同制式的频分多址方式

(a) AMPS 中的 FDMA/FDD;(b) TACS 中的 FDMA/FDD;

(c) CT-2 中的 FDMA/TDD

三、TDMA 方式

TDMA 即时分多址,是正交参量为时间的多址方式,不同的用户利用不同的时隙完成通信任务。在 TDMA 系统中,正向和反向信道也有两种方式,即 FDD 和 TDD。

TDMA 帧是 TDMA 系统的基本单元,由时隙组成,每一个时隙由传输的信息,包括待传数据和一些附加的数据组成。

与 TDMA 相比 FDMA 最主要的优势是其格式的灵活性,其缓冲和多路复用均可灵活配置,不同用户时隙分配随时可以调整,为不同的用户提供不同的接入速率。

四、CDMA 方式

CDMA 即码分多址,是利用码型作为正交参量的多址方式。不同的用户通过码型区分,称为地址码。在通信过程中,正向和反向信道的区分也有两种方式,即 FDD 和 TDD。

CDMA 系统中的用户共享一个频率,其系统容量可以扩充,只会影响通信质量,不会造成硬阻塞现象。由于不同用户所采用的地址码对于信号有扩展频谱的作用,一方面可以减少多径衰落的影响;另一方面根据香农定理,信号功率谱密度可以大大降低,从而提高抗窄带干扰的能力和频率资源的使用率。

五、SDMA 方式

SDMA 即空分多址，是通过空间的分割来区别不同的用户，即将无线传输空间按方向将小区划分成不同的子空间以实现空间的正交隔离。自适应阵列天线是其中的主要技术实现方式，可实现极小的波束和无限快的跟踪速度，能够有效接收每一用户所有有效能量，克服多径影响。SDMA 也可以与 FDMA、TDMA 和 CDMA 结合，在同一波束范围内的不同用户也可以区分，以进一步提高系统容量。

六、OFDM 多址方式

OFDM 的基本原理是采用一组正交子载波并行地传输多路信号，每一路低速数据流综合形成一路高速数据流。对每一路信号而言，其低速率特点使符号周期展宽，则多径效应产生的时延扩展相对变小，从而提高数据传输性能。第四代移动通信系统中 OFDM 也是备选的方式之一。

OFDM 作为一种多载波调制技术，与传统的多址技术结合可以实现多用户 OFDM 系统，如 OFDM-TDMA、OFDMA 和多载波 CDMA 等。

七、随机多址方式

与固定分配方式不同，随机分配资源使用户在需要发送信息时接入网络，从而获得等级可变的服务。若用户同时要求获得通信资源，则将不可避免地发生竞争，导致用户的冲突，因此，随机多址方式有时也称为基于竞争的方式或竞争方式。移动通信系统中随机多址方式主要用于数据传输，共有两大类，第一类是基于 ALOHA 的接入方式；第二类是基于载波侦听（CS-MA）的随机接入方式。

第二节　分集技术

一、分集的类型

分集是指通过两条或两条以上的途径传输同一信息，只要不同路径的信号是统计独立的，并且到达接收端后按一定规则适当合并，就会大大减少衰落的影响，改善系统性能。例如，人用两只眼睛和两只耳朵分别来接收图像信号和声音信号就是典型的分集接收，一只眼睛肯定不如两只眼睛看得更清楚、更全面，一只耳朵的接收效果肯定不如两只耳朵的接收效果好。

分集技术有很多种，从不同角度划分，有不同种分集。① 从分集的目的划分：可分为宏观分集和微观分集；② 从信号的传输方式划分：可分为显分集和隐分集；③ 从多路信号的获得方式划分：可分为空间分集、极化分集、时间分集、频率分集或角度分集等。

（一）宏观分集

为了消除由于阴影区域造成的信号衰落，可以在两个不同的地点设置两个基站。这两个基站可以同时接收移动台的信号。由于这两个基站的接收天线相距甚远，所接收到的信号的衰落是相互独立、互不相关的。用这样的方法我们获得两个衰落独立、携带同一信息的信号。

由于传播的路径不同，所得到的两个的信号强度（或平均功率）一般是不等的。设基站 A 接收到的信号中值为 m_A，基站 B 接收到的信号中值为 m_B，它们都服从对数正态分布。若 $m_A > m_B$，则确定用基站 A 与移动台通信；若 $m_A < m_B$，则确定用基站 B 与移动台通信。移动台在 B 路段运动时，可以和基站 B 通信；而在 A 路段则和基站 A 通信。从所接收到的信号中选择最强信号，这是宏观分集中所采用的信号合并技术。

宏观分集所设置的基站数可以不止一个，视需要而定。宏观分集也称为多基站分集。

（二）微观分集

1. 空间分集

空间分集包括接收空间分集和发射空间分集，是指在接收端或发送端各放置几幅天线，各天线的空间位置要相距足够远，一般要求间距应大于等于工作波长的一半，以保证各天线接收或发射的信号彼此独立。以接收空间分集为例，在接收端以不同天线接收来自同一发射端送过来的无线信号，并经适当合并得到信号。空间分集又分为水平空间分集和垂直空间分集，即表示分别在水平位置放置天线或在垂直高度上放置天线。

2. 极化分集

极化分集是指分别接收水平极化波和垂直极化波的分集方式。因为水平极化波和垂直极化波彼此正交，相关性很小，因此分集效果明显。

3. 时间分集

时间分集是指将同一信号在不同时刻多次发送。当时间间隔足够大时，接收端接收到的不同时刻的信号基本互不相关，从而达到分集的效果。直序扩频可以看作一种时间分集。

4. 频率分集

频率分集是指将同一信号采用多个频率进行传送。当频率间隔足够大时，由于电波空间对不同频率的信号产生相对独立的衰落特性，因此各频率信号之间彼此独立。在移动通信系统中，通常采用跳频扩频技术实现频率分集。

在实际的应用中，一种实现频率分集的方法是采用跳频扩频技术。它把调制符号在频率快速改变的多个载波上发送。采用跳频方式的频率分集很适合于采用 TD-MA 接入方式的数字移动通信系统。由于瑞利衰落和频率有关，在同一地点，不同频率的信号衰落的情况是不同的，所有频率同时严重衰落的可能性很小。当移动台静止或以慢速移动时，通过跳频获取频率分集的好处是明显的；当移动台一高速移动时，跳频没什么帮助，也没什么危害。数字蜂窝移动电话系统（GSM）在业务密集的地区常常采用跳频技术，以改善接收信号的质量。

5. 角度分集

角度分集是指利用天线波束的不同指向来传送同一信号的方式。指向不同，对应的角度不同。由于来自不同方向的信号彼此互不相关，从而达到分集。

分集技术由于减小了信号的衰落深度，从而增加了系统信噪比，提高了系统性能。与不采用分集技术相比，分集技术使系统性能改善的效果可以通过中断率、分集增益等指标来描述。中断率是指当接收信号功率低于某一值，致使噪声影响加大，从而使得电路发生中断的概率的百分数变大；中断率越低，分集效果越好。分集增益是指接收机在满足一定误码率和中断率的条件下，采用分集接收和不采用分集接收时接收机所需输入信噪比的差；显然分集增益越大，分集效果越好。

二、分集合并的方式

采用分集技术接收下来的信号，按照一定的规则进行合并；合并方式不同，分集效果也不同。分集技术采用的合并方式主要有以下几种。

（一）选择合并

从分集接收到的几个分散信号中选取具有最好信噪比的支路信号，作为最终输出的方式就是选择合并（Selective Combining）。

选择式合并器的输出信噪比为

$$\bar{\zeta}_s = \max \{\zeta_k\} = \max\left\{\frac{r_k^2}{2N_k}\right\}, \ k=1,\ldots,M$$

式中，ζ_k 为第 k 条支路的信噪比；r_k 为第 k 条支路的信噪比；N_k 为支路的噪声平均功率。

ζ_s 的均值为

$$\bar{\zeta}_s = \int_0^\infty \zeta_s p(\zeta_s) \, \mathrm{d}\zeta_s = \bar{\zeta}\sum_{k=1}^M \frac{1}{k}$$

（二）最大比值合并

最大比值合并（Maximal Ratio Combining，MRC）是指接收端通过控制各分集支路增益，使各支路增益分别与本支路的信噪比成正比，然后再相加获得接收信号的方式。理论证明，最大比值合并方式是最佳的合并方式。

除加权放大器之外，每个支路还包括一个可变移相器，用于在合并前将各支路信号调整为同相，从而获得最大输出信噪比。

最大比值合并器的输出为

$$\zeta_{mr} = \frac{\dfrac{r_{mr}^2}{2}}{N_{mr}} = \frac{\left(\sum_{k=1}^{M} \alpha_k r_k\right)^2}{2\sum_{k=1}^{M} \alpha_k^2 N_k}$$

$$= \frac{\left(\sum_{k=1}^{M} \alpha_k \sqrt{N_k} \dfrac{r_k}{\sqrt{N_k}}\right)^2}{2\sum_{k=1}^{M} \alpha_k^2 N_k}$$

$$= \frac{\left(\sum_{k=1}^{M} \alpha_k^2 N_k\right)\left(\sum_{k=1}^{M} \dfrac{r_k^2}{N_k}\right)}{2\sum_{k=1}^{M} \alpha_k^2 N_k}$$

$$= \sum_{k=1}^{M} \frac{r_k^2}{2N_k} = \sum_{k=1}^{M} \zeta_k$$

式中，α_k 为第 k 条支路的加权系数。

最大比值合并器的平均输出信噪比为

$$\bar{\zeta}_{mr} = \sum_{k=1}^{M} \bar{\zeta}_k = M\bar{\zeta}$$

（三）等增益合并

当最大比值合并中各支路的加权系数都为 1 时就是等增益合并（Equal Gain Combining，EGC）。它是一种最简单的线性合并方式。由于等增益合并利用了各分集支路信号的信息，其改善效果要优于选择合并方式。

设各支路噪声平均功率相等，则输出的信噪比为

$$\zeta_{eq} = \frac{\dfrac{1}{2}\left(\sum_{k=1}^{M} r_k^2\right)}{\sum_{k=1}^{M} N_k} = \frac{1}{2NM}\left(\sum_{k=1}^{M} r_k\right)^2$$

各支路的信噪比均值为

$$\bar{\zeta}_{eq} = \frac{1}{2NM}\overline{\left(\sum_{k=1}^{M} r_k\right)^2} = \frac{1}{2NM}\left(\sum_{k=1}^{M} \overline{r_k^2} + \sum_{\substack{j,k=1 \\ j \neq k}}^{M} \overline{r_k r_j}\right)$$

$$= \frac{1}{2NM}\left[2Mb^2 + M(M-1)\frac{\pi b^2}{2}\right]$$

$$= \bar{\zeta}\left[1 + (M-1)\frac{\pi}{4}\right]$$

式中，$\overline{r_k \cdot r_j} = \overline{r_k} \cdot \overline{r_j}$，$j \neq k$；$\overline{r_k^2} = 2b^2$，$\overline{r_k} = b\sqrt{\dfrac{\pi}{2}}$。

（四）性能比较

为了比较不同合并方式的性能，可以比较它们的输出平均信噪比与没有分集时的平均信噪比。这个比值称为合并方式的改善因子，用 D 表示。对选择合并方式，改善因子为

$$D_s = \frac{\overline{\zeta_s}}{\overline{\zeta}} = \sum_{k=1}^{M} \frac{1}{k}$$

对最大比值合并，改善因子为

$$D_{mr} = \frac{\overline{\zeta_{mr}}}{\overline{\zeta}} = M$$

对等增益合并，改善因子为

$$D_{ep} = \frac{\overline{\zeta_{eq}}}{\overline{\zeta}} = 1 + (M-1)\frac{\pi}{4}$$

（五）分集对数字移动通信误码的影响

在加性高斯白噪声信道中，数字传输的错误概率 P_e 取决于信号的调制解调方式及信噪比 γ。在数字移动信道中，信噪比是一个随机变量。前面对各种分集合并方式的分析，得到了在瑞利衰落的信噪比概率密度函数。可以把 P_e 看成是衰落信道中给定信噪比 $\gamma = \zeta$ 的条件概率。为了确定所有可能值的平均错误概率 $\overline{P_e}$，可以计算下面的积分

$$\overline{P_e} = \int_0^\infty P_e(\zeta) \cdot P_M(\zeta) \, d\zeta$$

式中，$P_M(\zeta)$ 即为 M 重分集的信噪比概率密度函数。下面以二重分集为例说明分集对二进制数字传输误码的影响。由于差分相干解调 DPSK 误码率的表达式是比较简单的指数函数，这里以它为例来分析多径衰落环境下各种合并器的误码特性。DPSK 的误码率为

$$P_b = \frac{1}{2} e^{-\gamma}$$

1. 采用选择合并器的 DPSK 误码特性

令 $\gamma = \zeta_s$，则平均误码率为

$$\overline{P_b} = \int_0^\infty \frac{1}{2} e^{-\zeta_s} \cdot P(\zeta_s) \, d\overline{\zeta_s} = \frac{M}{2} \sum_{k=0}^{M-1} C_{M-1}^k (-1)^k \frac{1}{1+k+\overline{\zeta}}$$

2. 采用最大比值合并器的 DPSK 误码特性

令 $\gamma = \zeta_{mr}$，则平均误码率为

$$\overline{P}_b = \int \frac{1}{2} e^{-\zeta_{mr}} \cdot P\ (\zeta_{mr})\ \mathrm{d}\zeta_{mr} = \frac{1}{2\ (1+\overline{\zeta})^M}$$

3. 采用等增益合并器的 DPSK 误码特性

令 $\gamma = \zeta_{eq}$，由 $M=2$ 时等增益合并的输出信噪比的概率密度函数，可以求得平均误码率为

$$\overline{P}_b = \int_0^\infty e^{-\zeta_{eq}} \cdot p\ (\zeta_{eq})\ \mathrm{d}\zeta_{eq} = \frac{1}{2\ (1+\overline{\zeta})} - \frac{\overline{\zeta}}{2\ (1+\sqrt{1+\overline{\zeta}})^3} = \operatorname{arccot}\left(\sqrt{1+\overline{\zeta}}\right)$$

第三节　均衡技术

一、基本原理

所谓均衡是指各种用来克服码间干扰的算法和实现方法。为了提高信息传输的可靠性，必须采取适当的措施来克服码间干扰的影响，方法就是采用信道均衡技术。

均衡是指对信道特性的均衡，也就是接收端滤波器产生与信道相反的特性，用来减小或消除因信道的时变多径传播特性引起的码间干扰。在无线通信系统中，通过接收端插入一种可调（或不可调）滤波器来校正或补偿系统特性，减小码间串扰的影响，这种起补偿作用的滤波器称为均衡器。

实现均衡的途径有很多，目前主要是通过频域均衡和时域均衡两种途径来实现。频域均衡主要是从频域角度出发，使总的传输函数满足无失真传输条件，它是通过分别校正系统的幅频特性和群迟延特性来实现的。

时域均衡器位于接收滤波器和抽样判决器之间，它的基本设计思想是将接收滤波器输出端抽样时刻上存在码间串扰的响应波形变换成抽样时刻上无码间串扰的响应波形。时域均衡在原理上分为线性均衡器和非线性均衡器两种类型，每一种类型均可分为多种结构，而每一种结构的实现又可根据特定的性能和准则采用多种自适应调整滤波器参数的算法。

二、非线性均衡器

最基本的线性均衡器结构就是线性横向均衡器（LTE）型结构。当信道中存在深度衰落而使信号产生严重失真时，线性均衡器会对出现深度衰落的频谱部分及周边的频谱产生很大的增益，从而增加了这段频谱的噪声，以致线性均衡器不能取得满意的效果，这时采用非线性均衡器处理效果比较好。常用的非线性算法有判决反馈均衡（DFE）、最大似然符号检测均衡及最大似然序列估计均衡（MLSE）。

（一）判决反馈均衡器

判决反馈均衡器由两个横向滤波器和一个判决器构成，两个横向滤波器由一个前向滤波器和一个反馈滤波器组成，其中前向滤波器是一个一般的线性均衡器，前向滤波器的输入是接收序列，反馈滤波器的输入是已判决的序列。判决反馈均衡器根据接收序列预测前向滤波器输出中的噪声和残留的码间干扰，然后从中减去反馈滤波器输出，从而消除这些干扰，其中码间干扰是由硬判决之后的信号计算出来的，这样就从反馈信号中消除了加性噪声。与线性均衡器相比，判决反馈均衡器的错误概率要小。

前馈滤波器有 N_1+N_2+1 个抽头，反馈滤波器有 N_3 个抽头，它们的抽头系数分别是 C_N^* 和 F_N^*。均衡器的输出可以表示为

$$d_k = \sum_{n=N_1}^{N_2} C_N^* y_{k-h} + \sum_{n=N_1}^{N_2} F_i d_{k-i}$$

（二）最大似然序列估计均衡器

最大似然序列估计均衡器（MLSE）最早是由 Forney 提出的，它设计了一个基本的最大似然序列估计结构，并采用 Viterbi 算法实现。最大似然序列估计均衡器通过在算法中使用冲击响应模拟器，并利用信道冲激响应估计器的结果，检测所有可能的数据序列，选择概率最大的数据序列作为输出。最大似然序列估计均衡器是在数据序列错误概率最小意义下的最佳均衡，这就需要知道信道特性，以便计算判决的度量值。

三、自适应均衡器

自适应均衡器一般包含两种工作模式：训练模式和跟踪模式。

时分多址的无线系统发送数据时通常是以固定时隙长度定时发送的，特别适合使用自适应均衡技术。它的每一个时隙都包含有一个训练序列，可以安排在时隙的开始处。此时，均衡器可以按顺序从第一个数据抽样到最后一个进行均衡，也可以利用下一时隙的训练序列对当前的数据抽样进行反向均衡，或者在采用正向均衡后再采用反向均衡，比较两种均衡的误差信号的大小，输出误差小的均衡结果。

第四节　扩频通信

扩频通信技术是一种信息传输方式：在发送端采用扩频码调制，使信号所占的频带宽度远大于所传信息必需的带宽；在接收端采用相同的扩频码进行相干解调来恢复所传信息数据。

一、直接序列扩频

直接序列扩频系统通过将伪随机（PN）序列直接与基带脉冲数据相乘来扩展基带信

号。伪随机序列的一个脉冲或符号称为一个"码片"。

原始信息扩频调制后频谱扩展了数百倍，发送过程中不可避免地被噪声感染；解扩频后，原始信息收敛，噪声被扩频，功率密度下降，信息的有效部分被提取出来。

为了提高扩频系统的频谱利用率，调制方式可以采用四相调制技术。

二、频率跳变扩频

在跳频扩频中，调制数据信号的载波频率不是一个常数，而是随扩频码变化。在时间周期 T 中，载波频率不变；但在每个时间周期后，载波频率跳到另一个（也可能是相同的）频率上。跳频模式由扩展码决定。所有可能的载波频率的集合称为跳频集。

直接序列扩频和跳频扩频在频率占用上有很大不同。当一个直接序列扩频系统传输时占用整个频段，而跳频扩频系统传输时仅占用整个频段的一小部分，并且频谱的位置随时间而改变。

在跳频扩频系统中，根据载波频率跳变速率的不同可以分为两种跳频方式。如果跳频速率远大于符号速率，则称为快跳频（FFH），在这种情况下，载波频率在一个符号传输期间变化多次，因此一个比特是使用多个频率发射的。如果跳频速率远小于符号速率，则称为慢跳频（SFH），在这种情况下，多个符号使用一个频率发射。

跳频扩频系统原理：在发送端，基带数据信号与扩频码调制后，控制快速频率合成器，产生跳频扩频信号。在接收端进行相反的处理。使用本地生成的伪随机序列对接收到的跳频扩频信号进行解扩，然后通过解调器恢复出基带数据信号。同步/追踪电路确保本地生成的跳频载波和发送的跳频载波模式同步，以便正确地进行解扩。

第五章　覆盖增强技术

第一节　LTE 覆盖增强

一、LTE 概述

（一）LTE 的概念

长期演进（Long Term Evolution，LTE）技术，商业宣传上通常被称为 4G LTE，但事实上是 3.5G 下 HSDPA 迈向 4G 的过渡版本，也曾经被俗称为 3.9G，于 2004 年 12 月 3GPP 多伦多 TSG RAN 第 26 次会议上正式立项并启动。

2010 年 12 月 6 日，国际电信联盟把 LTE-Advanced 正式定义为 4G。LTE 是应用于手机及数据卡终端的高速无线通信标准，该标准基于原有的 GSM/EDGE 和 UMTS/HS-PA 网络技术，并使用调制技术提升网络容量及速度。该标准由 3GPP（第三代合作伙伴计划）于 2008 年第四季度在 Release 8 版本中首次提出，并在 Release 9 版本中进行少许改良。FDD-LTE 已成为当前世界上采用的国家及地区最广泛、终端种类最丰富的一种 4G 标准。2016 年 2 月，我国的 LTE 网络覆盖率为 77%，速度则达到 14（Mbit/s）。

（二）LTE 的内容

1. LTE 的理论内容

LTE 项目是 3G 的演进，是 3G 与 4G 技术之间的一个过渡，是 3.9 G 的全球标准，它改进并增强了 3G 的空中接入技术，将 OFDM 和 MIMO 作为其无线网络演进的唯一标准。在 20 MHz 频谱带宽下能够提供下行 100 Mbit/s 与上行 50 Mbit/s 的峰值速率，改善了小区边缘用户的性能，提高了小区容量并降低了系统延迟。

这种以 OFDM/MIMO 为核心的技术可以被看作"准 4G"技术。

3GPP LTE 项目的主要性能目标包括：在 20 MHz 的频谱带宽下提供下行 326 Mbit/s、上行 86 Mbit/s 的峰值速率；改善小区边缘用户的性能；提高小区容量；降低系统延迟，用户平面内的单向传输时延低于 5 ms，控制平面从睡眠状态到激活状态的迁移时间低于 50 ms，从驻留状态到激活状态的迁移时间小于 100 ms；支持最大半径为 100 km 的小区覆盖；能够为 350 km/h 以及最高 500 km/h 高速移动的用户提供大于 100 kbit/s 的接入服务；支持成对或非成对频谱，并可灵活配置从 1.25 MHz 到 20 MHz 多种带宽。

2．LTE 的网络结构

LTE 采用由 NodeB 构成的单层结构。3GPP 初步确定的 LTE 架构，也称演进型 UTRAN 结构（E-UTRAN/Evolved-UTRAN）。接入网主要由演进型 NodeB（eNodeB）和接入网关（Access Gateway，AGW）两部分构成。AGW 是一个边界节点，若将其视为核心网的一部分，则接入网主要由 eNodeB 一层构成。eNodeB 不仅具有原来 NodeB 的功能，而且 NodeB 和 NodeB 之间采用网格（Mesh）方式直接互联，这也是对原有 UTRAN 结构进行的重大改进。

3．LTE 的技术特征

3GPP 从"系统性能要求""网络的部署场景""网络架构""业务支持能力"等方面对 LTE 进行了详细的描述。与 3G 相比，LTE 具有如下技术特征：

（1）提高了通信速率。下行峰值速率为 100 Mbit/s、上行为 50 Mbit/s。

（2）提高了频谱效率。下行链路 5（bit/s）/Hz（是 R6 HSDPA 的 3～4 倍）；上行链路 2．5（bit/s）/Hz（是 R6 HSUPA 的 2～3 倍）。

（3）以分组域业务为主要目标，系统在整体架构上基于分组交换。

（4）QOS（Quality of service，服务质量）保证，通过系统设计和严格的 QOS 机制，保证实时业务（如 VoIP）的服务质量。

（5）系统部署灵活。能够支持 1．25～20 MHz 的多种系统带宽，并支持"paired"和"unpaired"的频谱分配，从而保证了在系统部署上的灵活性。

（6）降低无线网络时延。子帧长度为 0．5 ms 和 0．675 ms，解决了向下兼容的问题，并降低了网络时延，时延可达 U-plan<5 ms，C-plan<100 ms。

（7）增加了小区边界比特速率。在保持目前基站位置不变的情况下增加小区边界比特速率，如 MBMS（多媒体广播和组播业务）在小区边界可提供 1 bifs'VHz 的数据速率。

（8）强调向下兼容。支持已有的 3G 系统和非 3GPP 规范系统的协同运作。

总之，与 3G 相比，LTE 更具技术优势，具体体现在高数据速率、分组传送、时延降低、广域覆盖和向下兼容等方面。

二、LTE 关键技术

（一）多载波技术

1．多载波技术的概念

下行主要候选方案为 OFDMA 和多载波 WCDMA 技术，上行主要候选方案为单载波频分多址（SC-FDMA），正交频分多址（OFDMA）以及多载波 WCDMA 技术。

多址接入方案于 2005 年 12 月被确定，下行采用 OFDMA，上行采用 SC-FDMA。这两项方案都将频域作为系统的一个新的灵活资源。OFDMA 是对多载波技术 OFDM 的扩展，从而提供了一个非常灵活的多址接入方案。OFDM把有效的信号传输带宽细分为多个窄带子载波，并使其相互正交，任意一个子载波都可以单独或成组地传输独立的信息流；OFDMA技术则利用有效带宽的细分在多用户间共享子载波。

2. 多载波技术运用的灵活性表现

（1）可以在不改变系统基本参数或设备设计的情况下使用不同的频谱带宽。

（2）可变带宽的传输资源可以在频域内自由调度，分配给不同的用户。

（3）为软频率复用和小区间的干扰协调提供便利。

3. LTE多载波技术的发展

相比之下，OFDM发射机成本更高。OFDM信号的峰均功率比（PAPR）相对较高，因此，需要有一个线性度较高的射频功率放大器。但这种限制与OFDM在下行传输中的使用并非完全抵触，与移动终端相比，基站对成本的要求相对较低。

然而，对于上行传输，OFDM的高峰均功率比对移动终端的发射机来说难以容忍。这是因为终端必须在提供良好户外覆盖时所需要的输出功率（即功耗）和功率放大器成本之间做出权衡。SC-FDMA技术提供了与OFDMA技术有很多共同之处的多址接入技术，尤其是在频域灵活性方面，以及在每个符号起始处加入保护间隔来降低接收机频域均衡的复杂性方面。同时，SC-FDMA能显著降低峰均功率比（PAPR）。因此，SC-FDMA在一定程度上解决了这一困境：在避免移动终端发射机成本过高的情况下如何使上行传输受益于多载波技术，同时使上行和下行传输技术保留适当程度的共性。

在LTE开发的早期阶段，另一种基于多载波的多址接入方案也在积极考虑中，即多载波WCDMA。这个方案的优点是可以重用已建成的UMTS系统的现存技术。然而，LTE系统的目的是保持未来的竞争力，重用UMTS系统现存技术的最初效益从长远来看优势相对较小；继续使用相同的技术将错过新机会，同时也不能从OFDM技术的灵活性、接收机的低复杂性和对抗时间弥散信道的高性能中受益。

（二）多天线技术

使用多天线技术，可以把空间域作为另一个新资源。在追求更高频谱效率的要求下，多天线技术已经成为最基本的解决方案之一。随着多天线技术的应用，在适当的无线传播条件下，理论上可实现频谱效率随装备的发射和接收天线中的最小数目呈线性增长。

多天线技术打开了通向种类繁多的新特征的"大门"，但在实际系统实现中，并不是所有特征都能够很容易地达到它们的理论目标。多天线技术可以用各种方式实现，主要基于以下几个基本原则。

（1）分集增益。利用多天线提供的空间分集改善多径衰落情况下的传输健壮性。

（2）阵列增益。通过预编码或波束成形可以使能量集中在一个或多个特定方向，从而可以为在不同方向的多个用户同时提供业务（即所谓的MU-MIMO）。

（3）空间复用增益。在可用天线组合建立的多重空间层上，将多个信号流传输给单个用户。

总之，LTE"研究项目"花费了很大的精力进行各种多天线功能的设计和选择，其最终系统包括若干选项，可以根据不同用户的部署和传播条件进行自适应。

（三）分组交换无线接口技术

LTE 是完全面向分组交换的多业务系统，不依赖于原有系统中广泛采用的面向连接的电路交换协议。在 LTE 中，此原理应用于协议栈的所有层。

在 LTE 中，为改善系统的时延，数据包传输时间由 HSDPA 中的 2 ms 进一步缩短为 1 ms。如此短的传输时间间隔，加上新的频率和空间维度，进一步扩展了 MAC 层和物理层之间跨层领域的技术，它们包含以下几点内容。

（1）频域和空间资源的自适应调度。

（2）MIMO 配置的自适应，包括同时传输空间层数的选择。

（3）调制和编码速率的链路自适应，其中也包括传输码字数量的自适应。

（4）快速信道状态报告的若干模式。

如何把这些不同程度的优化与复杂的控制信令相结合，是把 LTE 概念转化成实际系统的一个重大挑战。

三、LTE 的 5G 化发展

现在，多天线技术逐渐成为 LTE 的重要演进方向。

2017 年，多天线技术掀起了一波又一波的热潮。

2017 年 1 月，FDD Massive MIMO（FDD 制式的大规模多入多出）登上 4.5G 舞台。

2017 年 2 月，华为的 4T4R、3DB AAU 以及 FDD Massive MIMO 三个系列的多天线解决方案第一次同时亮相于世界移动大会。

2017 年 3 月，华为支持 4×4 MIMO 的 PIO Plus 智能手机在中国地区率先上市。

（一）多天线产业链

世界移动大会上，Sony Xperia XZ Premium 搭载高通 Snapdragon 835 芯片现场演示 4×4 MIMO 技术。与此同时，华为推出的 PlO Plus 将 4×4 MIMO 作为主要卖点之一，率先向全球推出商用。通过 4×4 MIMO 技术，PlO Plus 的用户体验可以大幅改善，速率翻番。经过在上海的现网测试，相比 2×2 MIMO，支持 4×4 MIMO 的 PIO Plus 用户速率平均可以提升 2 倍，边缘区域甚至可以达到 3 倍。也就是说，即使在室内、室外移动等用户体验容易受影响的场景下，PlO Plus 用户也可以保持流畅的视频体验。随后，三星于 2017 年 3 月 29 日在美国发布的 S8/S8 Edge 也以 4×4 MIMO 作为用户体验提升的重大卖点，T-Mobile 当日向公众宣称，近百个城市可以直接获得 2 倍的用户体验速率。

（二）多天线技术的商用进展

在多天线技术的商用进展方面，4T4R 成为 4. 5G 网络的基础配置，建议规模部署。4T4R 技术已经在全球部署了 50 多张网络，随着支持 4×4 MIMO 手机的出现，其将进一步突出多天线技术在 LTE 演进中的重要性。南非 MTN 联合高通和华为共同在商用网络中测试了 4×2 MIMO 和 4×4 MIMO，相较传统 LTE 2×2 MIMO，4×2 MIMO 提升了26％的下行吞吐率，4×4 MIMO 提升了 74％的下行吞吐率，上行吞吐率也有近 40％的提升。基于该技术的优异表现，三方测试结论为"建议规模部署 4×4 MIMO，并积极引入4×4 MIMO 手机，以最大化网络价值"。

3DB AAU 和 FDD Massive MIMO 是华为在多天线领域的两大热点场景解决方案。3DB AAU 在科威特 VIVA 黄金区域商用，流量提升了 100％，用户体验提升了 85％ O FDD Massive MIMO 于 2017 年伊始在全球开始测试，2017 年 3 月，中国、泰国、印度尼西亚、西班牙等外场测试点均取得了非常好的测试结果，相比传统 LTE 网络，网络容量均可以提升 45 倍。

（三）行业认知

行业内普遍认为多天线技术是 LTE 的重要方向，MIMO 技术可以在 4. 5G 时代规模商用。T-Mobile CTO 表示，"4×4 MIM。以及多天线技术是面向 5G 的技术，我国已经于 2016 年开始部署，以提供更好的用户体验"；科威特 VIVA CTO 表示，"3DBAAU 可以利用旧站址，容量倍增，降低 40％的 TCO"；德电集团 CTO 表示，"4G 技术将会持续演进，并和 5G 长期共存"。同时，来自 IHS Markit 的高级研究总监 Stephane Teral 从技术发展趋势方面提到，多天线技术可以有效提升覆盖和容量。在中低频，4×4 MIMO 可以实现很好的性能，同时可以通过 Massive MIMO 在高频增加容量。多天线技术是 LTE 时代已经商用的技术，是 LTE 发展的重要方向。2017 年，无论是终端侧支持 4×4 MIMO 的手机，还是网络侧多天线技术的不断演进，抑或是运营商和分析师对 MIMO 技术的期许，都展现出了多天线技术在 LTE 演进道路上的重要地位。多天线技术已经在 4.5G 时代规模商用，也将是 4G 网络 5G 化的首要技术。

第二节　D2D 通信系统

一、D2D 通信技术

（一）D2D 通信技术概述

1. D2D 通信技术的含义

D2D（Device-to-Device）通信技术是指两个对等的用户节点之间直接进行通信的一种

通信方式。由 D2D 通信用户组成的分布式网络中，每个用户节点都能发送和接收信号，并且具有自动路由（转发消息）的功能。网络的参与者共享其所拥有的一部分硬件资源，包括信息处理、存储以及网络连接能力等。这些共享资源向网络提供服务和资源，能被其他用户直接访问而不需要经过中间实体。在 D2D 通信网络中，用户节点同时扮演服务器和客户端的角色，用户能够意识到彼此的存在，自组织地构成一个虚拟或者实际的群体。

2. D2D 通信技术的发展历程

D2D 通信作为移动通信技术中的一项关键技术，一直备受关注，并且日趋成熟。与物联网中的 M2M（Machine to Machine）概念类似，D2D 旨在使一定距离范围内的用户通信设备直接通信，以降低对服务基站的负荷。

在 D2D 技术出现之前，已有类似的通信技术出现，如多年前的蓝牙（短距离时分双工通信）、Wi-Fi Direct（拥有更快的传输速度和更远的传输距离）和高通提出的 Flash LinQ 技术（极大地提高了 Wi-Fi 的传输距离）。后两种技术由于各种原因未能大范围商用，而 D2D 技术在一定程度上弥补了点对点通信的短板。

相较其他不依靠基础网络设施的直通技术而言，D2D 更加灵活，既可以在基站控制下进行连接及资源分配，也可以在无网络基础设施的时候进行信息交互。处于无网络覆盖情况下的用户可以把处在网络覆盖中的用户设备作为跳板，从而接入网络。

3. D2D 通信技术的特点

D2D 通信在不断发展的同时，已经超越了初期定义时的局限性，可以满足多种新兴业务需求，如广告推送、大型活动资料共享、朋友间的信息共享等。

D2D 具有明显的技术特征，相比于类似技术，其最大的优势在于工作于许可频段，作为 LTE 通信技术的一种补充，它使用的是蜂窝系统的频段，这样，通信双方即使增加了通信距离，也能保证用户体验质量。然而，Wi-Fi Direct 等技术在增加通信距离之后，势必会存在一定的干扰。而 D2D 通信距离相对较短，信道质量较高，能够实现较高的传输速率、较低的时延和较低的功耗，并能增加手机续航时间。

除了以上特点，D2D 还可以满足人与人之间大量的信息交互，相比于蓝牙，D2D 无须烦琐的匹配，且传输速度更快；相比于免费的 Wi-Fi Direct，则有更好的保证。

（二）D2D 通信场景

D2D 具有丰富的通信场景，按照不同的分类角度可以进行以下不同的分类。

1. 从系统结构和业务层面上区分

从系统结构和业务层面上，D2D 通信场景可简单分为两种：一种是非公共安全场景（Non Public Safety Scenarios）；另一种是公共安全场景（Public Safety Scenarios）。

（1）非公共安全场景。非公共安全应用也被称为商业应用，D2D 在商用模式上同样具有广阔的前景。D2D 商用前景可以体现在广播信息层面，这种应用场景可以发生在政府部门通告突发重大情况等重要信息中，也可以发生在大型购物商场折扣促销信息的推送和大型活动的信息广播中。

（2）公共安全场景。一种应用场景是，当发生自然灾害、设备故障或者其他引起蜂窝系统瘫痪时，可以应用 D2D 通信。这种场景被看作 D2D 公共安全场景应用。另一种应用场景发生在网络用户密度较高、网络覆盖率较差的地区。上述两种场景中，D2D 用户终端之间在紧急的情况下能够进行直接通信。D2D 公共安全应用场景是一种应急通信方式，具有重大的现实意义。

2. 从无线接入层面上区分

从无线接入层面考虑，蜂窝网络可以按照覆盖范围进行区分。一般情况下，D2D 按照覆盖范围可以分为以下三类。

（1）D2D 通信中无蜂窝网络覆盖。D2D 通信中无蜂窝网络覆盖，即 D2D 通信不受蜂窝网络控制。在此场景中，D2D 终端设备完全不受基站控制而进行直接通信，这种场景通常发生在蜂窝网络瘫痪时，多跳协作通信经常被引入此通信场景中。

（2）D2D 通信中有部分蜂窝网络覆盖。D2D 通信中有部分蜂窝网络覆盖，即 D2D 通信受蜂窝网络辅助控制。在这种场景中，基站只需要建立连接，并不进行资源调度，相对于前一种场景，其网络复杂度大幅降低。此场景可以应用于中继系统。

（3）D2D 通信中蜂窝网络完全覆盖。D2D 通信中蜂窝网络完全覆盖，即 D2D 通信完全受蜂窝网络控制。在这种场景中，LTE 基站在发现 D2D 通信设备之后，建立与 D2D 设备之间的逻辑连接，然后完成资源调度、资源分配和干扰管理。

3. 从发送端和接收端位置区分

D2D 通信按照发送端和接收端位置区分，有以下三种场景。

（1）接收端和发送端双方都位于室外。

（2）接收端和发送端双方都位于室内。

（3）接收端和发送端分别位于室内、室外。

在这样三种场景中，前两种场景被大量应用于 D2D 通信场景中。例如，室内 D2D 用户通信，可以通过复用室外蜂窝用户资源，减少资源带来的频谱干扰。

（三）D2D 通信的优势

与传统蜂窝通信方式相比，D2D 通信由于不经过基站的特性而具有一系列优点。

1. 提高频谱效率

D2D 通信重复使用小区资源，并保证蜂窝用户的通信性能，即在保证蜂窝用户中断率的情况下使用蜂窝用户资源。另外，D2D 通信距离较近，发射功率相对较小，对蜂窝用户造成的干扰有限。D2D 通信利用了小区资源并保证了蜂窝用户性能，这提升了小区的频谱利用效率。

2．提升小区覆盖率

在传统的蜂窝小区中，小区边缘用户离基站较远，因此接收端信号比较弱，容易中断，影响小区覆盖。D2D通信应用于小区边缘用户，使得边缘用户不再受到距离的困扰，因此提升了小区覆盖率。

3．近距离增益

D2D通信通常被应用于通信距离较短的设备间，这使得发送端所需的发射功率较小，降低了能耗，D2D通信距离短，能够获得更大的传输速率，提升通信的性能。

4．减小基站负载

当今移动用户和移动业务的快速增加，已经给基站带来巨大的压力，这也影响了移动用户的通信体验。D2D通信的引入，可以大大地缓解基站的压力。

5．干扰可控

D2D通信的使用前提是保证蜂窝用户的通信性能，因此，一般的工作都在许可频段。D2D通信使用的时频资源以及发射功率都受到基站的控制。虽然Wi-Fi技术与蓝牙技术也工作在没有得到授权的ISM频段，但是干扰并不能得到有效控制。D2D通信具有可以控制干扰的优势。

二、D2D系统的无线资源管理

D2D可以部署在FDD或TDD模式的蜂窝网络下。TDD模式虽然可以简化对信道的测量要求，但对算法的上/下行频段切换要求较高。同时，考虑到D2D链路传输的灵活性，D2D链路可选择使用TDD模式进行通信。

D2D通信有集中式控制和分布式控制两种。集中式控制完全由基站控制D2D连接，基站通过终端上报的测量信息，获得所有链路的信道质量信息，但该方案会增加信令负荷。分布式控制则由D2D设备自主地完成D2D连接的建立和维持。与集中式控制相比，分布式控制更容易获取D2D设备之间的链路质量信息，但是会增加D2D设备的复杂度。

在LTE-FDD系统中，D2D可以使用专用资源或复用蜂窝上/下行频段。因为蜂窝上行频段的利用率低于下行频段，所以多数方案注重使用蜂窝上行频段进行D2D通信。

（一）资源分配

LTE系统的资源调度是一种快速的时频资源分配，cNodcB要在1 ms内对无线资源进行分配。这种方式使D2D使用未分配的时频资源或者部分复用已经分配过的资源成为可能。

在LTE系统中，时域无线资源的基本单位是TTI，每个TTI值为1 ms。每个TTI又由2个0.5 ms的时隙组成，即一般配置下的14个OFDM符号。10个TTI组成一个LTE无线帧。在频域，整个带宽被分成180 kHz的子信道，相当于12个连续的15 kHz的子载波。子信道的大小是固定的，不同的带宽对应的子信道的数目不同。在时频域，时域上对应 0.5 ms，频域上对应 1 个子信道的单元称为 RB（Resource Block）。

LTE 采用了 OFDM 技术，使其能适应多路径的快衰落，因此，具有更高的频谱利用率。但是在 LTE 上行和下行多址却有一些不同，下行多址接入采用 OFDMA，上行多址采用 SC-FDMA（single Carrier-FDMA），这是为了取得较低的峰均功率比，从而节省 UE 的电量。

SC-FDMA 的物理特性是分配给某个用户的所有 PRB（Physical Resource Block）必须是连续的。D2D 的资源分配的目标是在不改变 LTE 自身调度的前提下，优化 D2D 的资源分配，提升小区总吞吐量和频谱利用率。

D2D 调度的主要原则是，通过让相距较远的 D2D 设备和蜂窝终端使用相同的 PRB，从而获得多用户分集增益。

（二）功率控制

适当的功率控制，能够在 D2D 复用蜂窝资源时，有效地协调 D2D 与蜂窝网络间的干扰，从而在保证蜂窝网络的情况下，提高小区总吞吐量。目前，D2D 设备的传输功率可以分为静态设置和动态设置。

1. 静态功率设置

早先方案都是在 D2D 会话发起时确定其传输功率，并保持到会话结束。例如，在 eNodeB 无法获取即时的 CSI 时，可通过理论分析，推导出蜂窝链路和 D2D 链路的信干噪比（sin R）的分布函数。在保证小区边缘蜂窝用户 sin R 下降不超过 3 dB 的基础上设置 D2D 的最大传输功率。D2D 复用蜂窝上行资源时，当 D2D 发射设备距离基站很近时，其传输功率就应该设置得足够低，以不影响蜂窝的性能，但过低的传输功率只能在 D2D 设备相距很近时才能保证 D2D 通信。相反，当 D2D 离基站较远时，可以增大 D2D 的发射功率，因其对蜂窝的干扰很小，故使用固定功率方案并不合适。

蜂窝和 D2D 终端的最佳传输功率可以建模成最优化问题来求解：优化目标为 D2D 与蜂窝吞吐量之和；限制条件包括保证蜂窝用户的最低 sin R，LTE 物理层调制编码方式 MCS 所支持的 sin R 范围（−10～20 dB）、UE 的最大传输功率（24 dBm）等。

2. 动态功率设置

静态功率控制方案不能反映信道的实时变化，而动态功率控制方案能根据信道环境和用户位置的变化进行功率调整。D2D 可以使用基于开环部分功率补偿的闭环功率控制，通过目标 sin R 和反馈的实际 sin R 动态地调整功率。

有一种同时考虑蜂窝和 D2D UEs 信道条件的动态功率控制方案，其结合预先定义的 D2D 覆盖范围的门限值，调整 D2D 的传输功率，使 D2D 在上行频段的干扰范围不包括基站，而在下行频段，使其干扰范围不包括与其共享资源的蜂窝 UE。这样的一个方案可以有效减少 D2D 对蜂窝系统的影响。

（三）模式选择

在基站收到 D2D 会话请求并为其建立无线承载之前，需要为其选择合适的通信模式，主要有以下三种。

（1）下行频段共享：D2D 使用蜂窝的下行资源，系统间存在干扰。

（2）上行频段共享：D2D 使用蜂窝的上行资源，系统间存在干扰。

（3）专用模式：D2D 设备与蜂窝 UE 各使用上行或下行资源的一部分，系统间不存在干扰。

早先较为简单的模式选择，主要根据 D2D 设备间测量到的路径损耗来决定。例如，当两个 D2D 设备间的路径损耗小于其与基站间的路径损耗或小于预先定义的最大允许的门限值时，则不使用蜂窝模式，而使用 D2D 模式。

基于路径损耗的模式选择简单易行但性能较差，它仅考虑了 D2D 设备间的信道状况。D2D 模式选择策略不仅取决于 D2D 设备间和 D2D 设备与基站间的链路质量，还取决于具体的干扰环境和位置信息。例如，当 D2D 设备距离基站较远时，使用上行频段比下行频段好；当 D2D 设备距离基站较近时，使用下行频段比上行频段好。因此，好的模式选择算法需要考虑多种因素，且对信道测量的要求更高。

三、异构网络下的 D2D 资源优化

（一）异构网络

1. 异构网络的概念

所谓异构是指两个或两个以上的无线通信系统采用了不同的接入技术，或者是采用相同的无线接入技术但属于不同的无线运营商。利用现有的多种无线通信系统，通过系统间融合的方式，可以将多系统的异构网络作为满足未来移动通信业务需求的一种有效手段，从而综合发挥各自的优势。

现有的各种无线接入系统在很多区域内都是重叠覆盖的，因此，可以将这些相互重叠、不同类型的无线接入系统智能地结合在一起，利用多模终端智能化的接入手段，使多种不同类型网络共同为用户提供随时随地的无线接入，从而构成了异构无线网络。

2. 异构网络的融合结构

在异构向络的融合结构中，通常有三种类型的融合方案，分别是超紧耦合结构、紧耦合结构和松耦合结构。

（1）超紧耦合结构。超紧耦合结构是通过连接到相同的 BSC 上与不同的无线接入技术（Radio Access Technology，RAT）进行融合。在此结构中，网络的状态信息是局部的，不需要通过额外的请求来获得信息，可以应用在网络之间是重叠覆盖的情况下。与其

他的耦合方案相比，超紧耦合方案的切换时延很短，这是因为中间涉及的网络实体少。但是由于采用的 RAT 完全不同，所以实现超紧耦合方式就需要对应用在 BSC 上的处理过程进行很多修改。

（2）紧耦合结构。在紧耦合结构中，不同的 RAT 通过 CN 进行融合，耦合节点可以是 MSC 或者 PDSNO MSC 或者 PDSN 都是负责 WWAN 和 WLAN 的连接管理、认证和定价，因此，WLAN 路由器需要实现相关的 WWAN 协议。与超紧耦合相比，这个系统仅需要对现有接入网络进行很小的修改，因此它非常容易实现。与超紧耦合相比，在切换过程中，由于涉及很多网络实体，所以这种方案的 VHO 时延增加了。

（3）松耦合结构。在松耦合的异构网络中，MSC 与 WLAN 都经过通用接口与公共的 Internet 进行交互信息，从而保持服务的连续性。但是每个网络都需要执行网络的连接和会话的激活过程，因此，这种方案在执行切换时会导致时延很大。

对于超紧耦合和紧耦合方式的异构网络融合结构，网络选择算法通常可以安排在耦合节点上，即 BSC 和 CN。但是对于松耦合方式，网络选择算法可以应用在移动终端。

3. 异构网络的发展趋势

小蜂窝技术是另一项同样利用通信双方的近距离特性通过空间复用的方式提高频谱利用率的技术，也是 LTE 研究的一项关键技术。在用户密集的热点区域或者室内等宏基站覆盖薄弱的区域，用户或者运营商可以在这些区域部署小基站来提供蜂窝网络接入服务。小基站通常为低功率的接入点，通过特定的回程链路连接到核心网。它的功能类似于目前的接入点，不同的是小基站工作在授权频带，用户通常不需要进行类似配对的操作，同时，用户的服务质量和安全性更有保障。小蜂窝与宏蜂窝共存是异构网络的发展方向。

（二）异构网络下的 D2D 通信

小蜂窝的引入不仅仅只是网络架构上的革新，由于小蜂窝的近距离特性，有研究提出重新规划小蜂窝使用的无线资源，采用新的帧结构（New Carrier Technology，NCT）和更高的载波频率以提高小蜂窝通信的效率。这些设计对于同样基于近距离特性设计的 D2D 通信而言，显然是有好处的。D2D 通信同样可以采用新的帧结构和频率资源。

另外，D2D 通信与小基站可以进行合作设计。小蜂窝的一个优点是其在有限的覆盖范围内可以实现空间上的频率复用，但同时，这也是小蜂窝的一个缺点，即限制了小基站的服务范围。D2D 通信技术可以间接扩大小蜂窝的覆盖范围，使小蜂窝覆盖范围内的小蜂窝用户可以与覆盖范围外的用户进行通信，并作为中继将覆盖范围外的用户数据转发给小基站，从而间接地扩大小蜂窝的服务范围。当用户离基站很远，而离小基站很近但又不在其覆盖范围时，这种方式可以有效地提高用户体验。

（三）异构网络下的 D2D 模式选择和信道分配

与同构网络的 D2D 资源分配方式不同，异构网络下的 D2D 通信具有小蜂窝模式和复用小蜂窝信道模式可供选择。小蜂窝模式是指 D2D 通信双方如果处于同一个小蜂窝的覆盖范围，D2D 通信可以通过小蜂窝接入点实现数据交换。虽然小蜂窝的覆盖范围不广，但是小蜂窝的覆盖范围依旧大于 D2D 通信距离。因此，处于同一小蜂窝内的 D2D 双方可以将小蜂窝作为接入点中转，而且小蜂窝接入点中转带来的好处更多。D2D 用户可以考虑使用小蜂窝模式。复用小蜂窝信道模式和复用宏蜂窝模式具有一定的相似性。由于小蜂窝具有覆盖范围小的特点，所以通过提高频段以及重新设计参考信号的方式可以提高资源的使用效率。另外，作为近距离通信的 D2D 通信系统，复用小蜂窝信道也可以从新的设计中获得效益。

（四）异构网络下的 D2D 中继及其资源优化

1. 基于分支定界算法的资源优化方案

基于分支定界算法的资源优化方案将所有 WUE 的接入成功率和最低作为目标，算法复杂，复杂程度为指数级别。但是在许多情况下，该算法的求解速度较快。

2. 基于中继有限的资源优化方案

基于中继有限的资源优化方案主要基于 D2D 通信在提升频谱效率中的优势。该算法以分支定界算法为基础，从分支定界算法转化而来。

3. 基于贪婪散发的资源优化方案

基于贪婪散发的资源优化方案属于先到服务的算法，它的计算复杂程度较低，但是不能获得用户分集增益。先到的用户可以优先选择满足限制条件，同时能降低自身功率的最优的接入模式和信道资源。

4. 基于服务中继优先的资源优化方案

基于服务中继优先的资源优化方案优先选择服务 D2D 中继模式，但它与中继优先算法有一定的差异，即用户被分配到非法制的功率后不能参与选择其他模式。服务中继优先算法的功耗虽然比中继优先算法高，但是它的频谱效率也更高。

第三节　M2M 技术

一、M2M 技术概述

（一）M2M 通信

1. M2M 的含义

简单来说，M2M 是将数据从一台终端传送到另一台终端，即机器与机器之间，（Machine to Machine）的对话。但从广义上来说 M2M 可代表机器与机器（Machine to Machine）、人与机器（Man to Machine）、机器与人（Machine to Man）、移动网络与机器

（Mobile to Machine）之间的连接与通信，它涵盖了所有用于在人、机器、系统之间建立通信连接的技术和手段。

M2M 通信的核心内容是机器间的信息交互智能化、行业应用与服务网络化，将无线通信模块嵌入机器内部，使其接入现有的蜂窝网络，从而满足嵌入式设备在信息感知、数据分析和传输等方面的需求。

2. M2M 通信系统

M2M 通信系统主要由两部分组成：一部分是带有传感、感知能力和网络连接功能的硬件设备；另一部分是智能应用和计算分析、存储调度、反馈控制系统。通信的本质是信息基础设施和实体基础设施相结合，通过网络技术实现通信设备间数据传输的智能化。

3. M2M 通信网络的优点

（1）无须人工干预，实现数据自动上传，提高了信息传输和处理效率。

（2）数据集中处理与保存，实现信息集中化管理。

（3）数据保存时间长且不易受到干扰，保证存储安全性。

（4）可实现实时监控和控制，时效性高。

（5）以无线方式传输数据，避免物理布线，节约信息传输成本。

（6）时刻监控终端运行状态，保障业务稳定运行。

（二）M2M 网络的发展

M2M 通信业务在欧洲市场起步早、产业链发展健全，尤其是在英国、荷兰、比利时等西欧国家，其商业模式已经比较成熟，广泛地应用于安全监控、机械控制、自助交通等各类行业。

在亚太地区，M2M 通信业务发展起步较晚，但是发展迅速。其中，日本实行 u-Japan 策略，重点在健康医疗、智能家居等方面推广 M2M 通信技术；韩国实行 u-Korea 策略，重点在环境保护、交通控制等方面推广 M2M 通信技术；在我国，中国移动、中国联通和中国电信都根据各自的服务特色有针对性地提出了分阶段与分层次的推广方案。

（三）M2M 网络技术架构

M2M 通信网络技术架构主要包括智能化嵌入式设备、M2M 通信硬件设施、通信网络、中间处理件、应用实体五个重要的组成部分。

1. 智能化嵌入式设备

科学技术的实现需要载体，通过数字化改造传统行业最终需要落实到对机器的智能化处理上。实现 M2M 通信的基础条件是机器具有信息感知、数据分析处理、无线网络接入能力。使机器智能化有两种方法：一种是在机器生产时嵌入智能化模块；另一种是在机器生产后对机器进行智能化改装。

2. M2M 通信硬件设施

M2M 通信硬件设施是指为完成智能化、信息化目标所需要具有的硬件部件，主要实现的功能有信息感知、数据存取、无线接入和数据传输，M2M 通信硬件设施主要包括嵌入式硬件、可组装硬件、调制解调器、传感器、识别标识等。

（1）嵌入式硬件。嵌入式系统由硬件和软件组成，其中软件部分包括嵌入式操作系统和应用软件，硬件部分包括嵌入式处理器和外部设备。嵌入式硬件是使设备具有通信能力的基础部件。主要的可嵌入通信技术产品有 GSM、通用分组无线业务（General Packet Radio Service，GPRS）和 CDMA 等。

（2）可组装硬件。硬件设备，如果在生产时已经嵌入智能化通信模块，则可以实现M2M 通信，否则，设备需要借助可组装的硬件实现无线接入能力和数据传输能力。可组装硬件具有不尽相同的实现方式，实现的功能包括协议匹配、链路建立、信息传输等。

（3）调制解调器。调制解调器是一种计算机硬件设备。它可以把计算机内部的数字信号翻译为在公用电话网络或以太网上传送的模拟信号，而这些模拟信号可以被网路另一端的另一个调制解调器接收，并重新翻译为计算机可懂的语言。只有拥有调制解调器，嵌入式模块才可以实现与移动通信网络的通信。

（4）传感器。传感器是一种硬件检测仪器，可以将检测到的信息记录下来并按一定规律变换成为电信号输出，以满足信息的存取、处理、传输和控制等要求，一般可以分为普通传感器和智能传感器两种。与普通传感器相比，智能传感器通过模拟人的感官可以实现自动检测和自动控制。智能传感器可以进行自动化编程，以自组网的方式形成传感器网络，从而构成 M2M 通信网络的重要组成部分。

（5）识别标识。识别标识是增强信息识别的一种技术，分为人工识别标识和无人工识别标识。人工识别标识是指向虚拟物体提供绘制信息，如二维码技术、RFID 技术，在某些情况下无法通过标识物完成信息交互，则只能以无人识别标识的技术来实现。标识技术现已广泛地应用于库存管理，是推动 M2M 通信发展的强劲动力。

3．通信网络

通信网络是指通过物理链路或者无线链路将各个孤立的工作站或主机连接在一起，以达到资源传输和信息共享的目的。按照所覆盖的地域范围，常见的通信网络可分为广域网、城域网、局域网和个域网。通信网络是实现 M2M 通信的桥梁，在整个通信网络架构中处于核心地位。

4．中间处理件

M2M 通信的中间处理件包括两部分：一部分为通信网关；另一部分为信息集成件。网关是一种充当协议转换用的翻译器，可以用于广域网互联也可以用于局域网互联。信息集成件实现对原始数据进行粗加工以减少信息冗余，降低无用信息对网络资源的占有，增加传输相同信息的信息量。网关获取传感器所感知到的信息并将其传输至通信网络。

5．应用实体

应用实体是指利用 M2M 通信网络传输的数据信息完成各项行业功能的实体软件。

二、M2M 设备分组

目前，M2M 通信是物联网最普遍的应用形式，具有各种类型业务的海量 M2M 设备对人们的生活和社会发展起到日益重要的作用，M2M 已经应用到生产、生活的各个领域。M2M 业务和 H2H 业务不同，其主要特点包括终端数量多、业务种类多、多数设备周期性传输数据、数据包小、时延要求差别大等。

例如，在智能电网中，一个小区每个家庭都拥有一个电表，数量众多，这些电表的业务主要是向服务器上传数据，周期性相同，与其他业务设备相比，它们拥有一定的相同性，保持相同的状态。为了便于管理，将一个单元楼里的所有电表安装在一个电表箱中，并给它们设置相同的上传行为模式。

因此，从资源调度分配的角度看，可以将相同类型和业务模式（数据速率、时延要求等）相同的终端设备分为一个组，基于部分 M2M 业务数据量小的特点，可以将申请资源的一个组的所有 M2M 设备看作一个 H2H 终端。分组思想是解决信令阻塞问题的关键方法。

（一）M2M 业务分类

不同的 M2M 业务具有多样的 QOS 要求，如时延灵敏度、数据准确率、数据流量等，基于时延和业务数据速率可以将 M2M 业务分为以下四类。

1. 类型一

这一类型发送的数据量非常少，但对时延要求高，是时延不容忍型业务，如紧急告警业务（如防盗窃报警等）。这类业务主要是在紧急事件发生时上报相关告警信息，信息内容主要是数据。业务会话的发起是一个突发性随机事件，发生后要求立即上报数据。此类业务随机请求回话，对时延和准确度要求高，一旦接入就有很高的优先级。

2. 类型二

这一类型具有最低的传输速率要求，数据包大小为几兆或者几十兆甚至更大，要求实时传输，优先级低于类型一业务。例如，视频、监控等业务，有最低的传输速率要求，实时传输，视频流可以承受一定的错误数据流。

3. 类型三

这一类型是有批量数据要发送并且可容忍时延的业务，如文件下载。这类业务数据量较大，但不要求实时性，没有最低传输速率的要求。

4. 类型四

发送的数据包小并且时延容忍的业务。M2M 通信中大部分业务都属于类型四。例如，智能电表、智能水表等各类抄表业务，小区环境监测、水质监测等定期检测类业务以及移动支付（Mobile POS）等业务。这类业务的特点是，数据包通常为几字节到几百字节，频繁向服务器上传数据，不要求实时性，传输优先级低于上述几种类型，但对准确性要求高。

（二）M2M 业务分组

在未来通信网络中，M2M 设备大量接入小区，如果 M2M 设备都是单独发送 HR 请求调度资源，必然会引起网络堵塞，因此，可以根据 M2M 业务类型进行分簇，再根据地理位置对 M2M 终端设备进行分组。

根据业务类型，将具有相同状态的 M2M 设备分为一个簇，一个簇内的 M2M 终端设备的 QOS 需求一致，然后将地理位置相近的簇内成员分为一个接入组（Access Group），将设备分组的目的是将 QOS 相同的设备集合在一起，再由组长代表整个组发出上行资源的请求，这样将尽可能地避免由单独 MTCD 申请资源时发送 SR 信息所造成的 PUCCH 信道阻塞。例如，一个小区内的所有智能抄表可以分为一个簇，而一个居民楼内的抄表可以作为一个组，同时为每个组分一个组 ID（Group ID）。

以上分组主要针对业务类型二、三、四，统称为"普通接入组"。对于紧急告警等时延要求高的 M2M 设备，这些设备业务量小，突发性强，统一将这些设备归为一个接入组，称为"特殊接入组"。每个接入组中的成员都有一个唯一的终端索引号，eNB 基于各个普通接入组的业务特性为每个组选出一个组长设备，若该组设备是周期性上传和接收数据，则可以将组内所有设备上传和接收数据时间点设为一致。

对于特殊接入组，业务类型具有突发性，组内成员间的 QOS 需求、发起请求时间、周期性等都不能预测，同时其时延要求也非常高，因此该组不设定组长，组内成员有业务需求时，直接向 eNB 发送调度请求，可将特殊组的设备当作普通 H2H（Human to Human）设备处理。

（三）M2M 分组组长的确定

设备的分组过程包括分簇、分组及组长的确定三个过程。除特殊接入组外，还需要给每个接入组确定一个组长，组长的确定依据不同的应用场合可以使用不同的规则。相关的依据信息在随机接入成功后以及进行信道测量时基站均可以获得。在分组及分组组长的选择过程中可以有多种选择依据。例如，可以选择剩余电量最多的 M2M 终端设备，选择与基站之间信道状态最好的 M2M 终端设备，选择最小时间提前量（Time Advance，TA）的 M2M 终端设备，选择设备内存最大的 M2M 终端设备，选择全组发送数据时所需 Buffer 最小，或者最大，或者最接近全组平均 buffer 水平的 M2M 终端设备。具体的选择依据条件可以根据实际情况来确定。对于特殊接入组，前文已述，因组内终端设备各异不再设立组长，组内设备有资源需求时，可以直接向 eNB 发送调度请求。

三、蜂窝 M2M 通信负载控制

在随机接入蜂窝网络中，存在负载拥塞的问题。这类问题主要有两解决方法：一种是基于用户的角度；另一种是基于基站角度。从用户角度来说，是基于"推"的方法；从基站角度来说，是基于"拉"的方法。"推"是指 M2M 用户主动向基站发起连接请求，启动随机接入过程；"拉"是指基站主动发起随机接入请求。具体有以下几种负载控制方案。

（一）时隙 Aloha 方案

现有的一种解决负载拥塞问题的简单方案是时隙 Aloha 方案。该方案要求每个 M2M 用户按其接入需求发起连接，一旦检测到了冲突则随机延时一段时间后再进行下一次随机接入。这个方案的缺点是，当 M2M 用户数不断增加时冲突十分严重。其优点是，当用户相互冲突后，不是立即进行执行重发，而是延时随机一段时间，以将各自接入的时刻均匀分布在时间序列上。前导序列的数目有限，因此，当有大量的 M2M 用户进行随机接入时很容易选择相同的前导序列，这样极易发生碰撞，导致许多 M2M 用户随机接入尝试失败。因此，必须有适当的方法减少碰撞的发生。

对于每一个 M2M 用户，当有数据要发送时，在 PRACH 中随机选择一个前导序列向基站发送信号。由于 PRACH 是系统周期性释放的，所以用户只能在相应的 RA slot 内才能进行随机接入。对于特定的 PRACH；当只有某一 M2M 用户选择了其中某一前导序列时，该 M2M 用户才能收到基站的竞争决策，说明 M2M 用户在此次随机接入中竞争成功。当多个 M2M 用户选择了同一个前导序列时，即发生了碰撞，基站不能正确收到前导序列信号，M2M 用户在一定的时间内没有收到基站的竞争决策，则认为此次随机接入尝试失败，所有碰撞的 M2M 用户延时一段随机时间后再进行下一次的随机接入。

时隙 Aloha 方案，当用户数比较少的时候可以工作，当 M2M 用户数增多，随机接入尝试增加时则接入的成功率越来越小。

（二）接入控制阻止方案

在蜂窝 M2M 通信中，接入控制阻止（Access Class Barring，ACB）方案要求 M2M 用户在接入之前取一个随机数，如果随机数小于系统广播的接入因子则可以进行接入，否则不允许用户接入。该方案使基站可以抑制过多的流量，从而避免拥塞。把 M2M 用户分为不同的接入等级，这样允许网络可以分别对不同的 M2M 用户进行不同的控制，以满足用户不同的需求。ACB 方案有 16 个接入等级：等级 0～9 代表正常的 M2M 用户；等级 10 代表紧急呼叫；等级 11～15 代表特定高优先级的服务。

ACB 方案的过程如下：基站向等级为 0～9 的用户广播一个接入概率 p 和接入控制阻止时间（Access Barring Time），M2M 用户在执行随机接入前取一个随机数 q（$0 \leqslant q \leqslant 1$）。如果 $q < p$，则 M2M 用户继续执行随机接入，否则，M2M 用户需要等待一个接入控制阻止时间之后才可以执行随机接入。当 RACH 拥塞较高时，基站可以通过设置极小值以控制拥塞，但是 P 值太小则会导致用户的接入时延增大。另外，假如拥塞发生在一个比较短的时间内，基站可能没有足够的时间来调整 P 值，这也是此方案的不足

之处。

此方案的进一步改进版本是延伸接入控制（Extended Access Barring，EAB）方案，如果 EAB 方案的参数配置合理，那么会对接入负载起到有效控制的作用。

（三）RACH 资源划分方案

RACH 资源划分方案把随机接入前导信号分为两部分：一部分给 H2H 用户使用；另一部分给 M2M 用户使用。这样，M2M 用户的增加不会影响 H2H 用户的正常工作。

当许多 M2M 用户同时接入时会导致 RACH 前导碰撞概率增加，可以通过在同一个时频资源里为不同的 M2M 用户分配不同的随机接入资源来减小碰撞概率。例如，可以将一部分的前导信号供 H2H 用户使用，另一部分前导信号供 M2M 用户使用，这种划分的信息可以由基站向用户广播。然而，在拥塞非常严重的情况下，此方案对 M2M 用户接入性能的提高仍然不够，因为在这种划分方式下，M2M 用户可用的随机接入资源显然不够，此时，随机接入网络的拥塞会更加严重。

（四）动态 RACH 资源分配方案

动态 RACH 资源分配方案的主要思想是，当基站检测到随机接入高峰将要来临时，可以临时增加一个或多个子帧作为 RACH 资源，当高峰过去之后，可以取消增加的配置，即根据 M2M 用户随机接入的到达率自动匹配相应的 RACH 子帧数。在有些情况下，基站可以预测接入负载的趋势，根据接入网络拥塞情况和整体流量承载水平，动态地临时增加一些 RACH 资源供 M2M 用户使用。RACH 资源可以在时域或者频域上增加，在时域上就是增加一个子帧作为 PRACH，当这个子帧作为随机接入使用时，它就不能再传输数据；在频域上可以增加 6 个 RB 作为 RACH 资源。

此方案的主要缺点是可增加的 RACH 资源是有上限的。这是因为不可能将太多用于数据传输的子帧用来作为 RACH 资源。该方案实现的关键是基站能够对小区内的流量做出快速而又准确的估计，从而对 RACH 资源进行调整。还有一些对动态资源的分配算法进行优化的方法，但本质上都相同。例如，将 M2M 用户划分为不同的等级，提前给不同流量特点的用户分配 RACH 资源。另外，还可以借助自优化算法，根据信道负载情况增加或者减少随机接入的时隙数目。

第四节　其他技术

一、P2P 通信技术

（一）P2P 通信技术概述

1. P2P 通信的含义

P2P 是一种思想，一种有着改变整个互联网基础潜能的思想。客观地讲，单从技术角度而言，P2P 并未激发出任何重大的创新，更多的是改变了人们对互联网的理解与认识。

P2P 通信是一种对等通信技术，不同网络环境的节点在没有中继服务器的情况下，可以实现直接通信。它是一种分布式网络，网络的参与者共享其所拥有的一部分硬件资源，这些共享资源需要由网络提供服务和内容，能被其他对等节点（Peer）直接访问而无须经过中间实体。在此网络中的参与者既是资源提供者（Server），又是资源获取者（Client）。在 P2P 通信网络中的节点，可以同时充当服务提供者和请求者两个不同的角色，不同节点间可以自由、平等地交换信息，共享资源。

2. P2P 通信技术的发展

P2P 通信技术发展至今共经历了三代。

第一代，集中服务器式。第一代 P2P 网络是集中服务器模式的，客户端（对等点）必须连接到指定的运行在该网络中的个人或商业服务器（一个或多个服务器），并依赖于服务器。集中式 P2P 模式最大的优点是维护简单、发现效率高，由于资源的发现依赖中心化的目录系统，发现算法灵活高效并能够实现复杂查询。最大的问题与传统客户机/服务器结构类似，容易造成单点故障，可靠性和安全性较低。

第二代，客户服务器式。第二代 P2P 网络是较为常用的类型，仍旧是基于服务器，只不过废除了集中的服务器，取而代之的是客户端软件（既有服务器的功能也有客户端的功能），或者专门的服务器软件（可以和客户端软件一起运行），即将服务器分布化。

第三代，散列服务器式。第三代 P2P 网络现在处于发展阶段，它将服务器和客户端的概念变得模糊，不需要专门的服务器，网络中所有的对等点都是服务器，并且承担很小的服务器的功能（如维护和分发可用文件列表），通过快速计算获得资源所在位置，即将任务分布化。

3. P2P 网络的功能特征

P2P 网络是互联网的一种对等通信网络模式，不同于传统的 Client/Server 模式，它是指网络上的任何设备（包括 PC、手机、PDA、ARM 板等）都可以作为独立的节点平等地直接通信和协作。在通信网络模式下，一个对等节点既是服务器又是客户端。自由与平等是技术的本质，每个加入 P2P 网络的节点都可以享受其他节点提供的资源与服务，但 P2P 网络不要求每个节点都贡献自己的资源与服务。

P2P 网络的功能特征如下：用户具有独立的控制能力，可以创建自己的组和虚拟网络，而且可以方便快捷地发布自己的资源；可靠性，任何用户都可以使用可靠的系统；可扩展性，用户的数量可以急剧地膨胀，最大化地共享资源；可协作性，用户可以利用各种资源协同工作，有效地解决问题。

（二）P2P 通信技术的优缺点

1. P2P 通信技术的优点

P2P 通信技术作为一种新型的网络技术，有与其他网络技术相同的地方，当然也有自己独特的优点，其优点主要表现在以下几点。

（1）网络中的资源和服务分散在所有节点上，信息的传输和服务的实现都直接在节点之间进行，从而避免了可能出现的"瓶颈"。

（2）在 P2P 网络中，随着用户的加入，不仅服务需求得以增加，系统整体的资源和服务能力也在同步扩充，始终能较容易地满足用户的需要。理论上，整个体系是全分布的，不存在瓶颈。

（3）在互联网上随时可能出现异常情况，网络中断、网络拥塞、节点失效等各种异常事件都会给系统的稳定性和服务持续性带来影响。在传统的集中式服务模式中，集中式服务器成为整个系统的要害所在，一旦发生异常就会影响到所有用户的使用。

（4）性能优势是 P2P 被广泛关注的一个重要原因。采用 P2P 架构可以有效地利用互联网中散布的大量普通节点，将计算任务或存储资料分布到所有节点上。利用其中闲置的计算能力或存储空间，可达到高性能计算和海量存储的目的。并且，利用网络中的大量空闲资源，可以用更低的成本提供更高的计算和存储能力。

（5）在 P2P 网络中，由于信息的传输分散在各节点之间进行而无须经过某个集中环节，所以用户的隐私信息被窃听和泄露的可能性大大缩小。

（6）在 P2P 网络环境下，每个节点既是服务器又是客户端，从而减少了对传统 C/S 结构服务器的计算能力、存储能力的要求。同时，资源分布在多个节点，更好地实现了整个网络的负载均衡。

2. P2P 通信技术的缺点

P2P 通信技术带来的是一个业务"全分布"式的网络，流量将呈现出更大的任意性，用户之间直接的数据交换也会更加频繁。P2P 技术在应用层的组网，在为网络应用的运营者带来更大的灵活性的同时，也造成基础承载网络资源紧张，网络设备长时间处于满负荷工作状态，其具体的影响主要体现在以下几个方面。

（1）由于 P2P 的对称特点和 P2P 流量比例增加，城域网的流量模型逐渐从不对称迁移到对称，与接入网 xDSL 不对称网络形成明显的矛盾。

（2）P2P 的流向处于一种无序的状态，这造成网络性能的质量劣化和拥塞，带宽大量消耗而收益为零。大多数 P2P 工具为了保证传输质量，往往创建大量连接，但大量连接并未传输数据，从而消耗了网络资源。

（3）跨省流量大于省内、市内的流量，造成省干出口扩容压力不断增加。

（三）P2P 网络模式

P2P 网络模式可以简单分为分布式 P2P 网络模式、集中式 P2P 网络模式和混合式 P2P 网络模式三种类型。

1. 分布式 P2P 网络模式

分布式 P2P 网络模式的网络中没有服务器，各个独立节点之间构成一个分散的网络。

每个节点具有相同的能力和职责，它们之间的交互通信是完全对称的。网络中的节点通过基于对等网络协议的应用程序发现对等节点，而不必通过服务器，从而可直接建立通信。用户可以在分布式 P2P 网络中根据需要创建自己的通信规则和运行环境，提供节点直接加入网络的功能，与互联网直接融合并有效地工作。但是由于网络系统缺乏有效的中心管理者，节点间的查找比较麻烦，不易维护，且存在安全风险。

2. 集中式 P2P 网络模式

在集中式 P2P 网络模式中，网络的构建需要一个中心服务器作为超级节点。超级节点除了具备普通节点的功能外，还具有发现、转接和查找服务等功能，通过集中认证，建立索引机制以帮助普通对等点之间建立连接。当普通对等点连接成功之后，中心服务器将失去作用，对等点之间就可以直接进行通信。P2P 网络中的服务器与传统 C/S 模式中的服务器有很大差异，省去了许多服务功能。由于中心服务器的存在，与分布式 P2P 通信网络模式相比，集中式网络节点间容易建立连接，易于维护管理，且具有较好的安全性，但势必加大中心服务器的负载。

3. 混合式 P2P 网络模式

混合式 P2P 网络模式是对分布式 P2P 网络模式和集中式 P2P 网络模式的改进，结合了两者的优点。在混合式 P2P 网络模式中，设置了一些超级节点，负责管理整个网络，具备转发、查找和中继的功能，还有一些其他的特殊功能。由于在混合式 P2P 网络中，超级节点不仅仅是中心服务器，因此，不会造成某一个超级节点的负载过重。

在混合式 P2P 网络模式中，存在许多超级节点来维持整个网络的稳定运行。当其中一个超级节点不能正常工作时，由于其他超级节点的存在，整个网络不会受到太大的影响。混合式 P2P 网络模式中的超级节点不止一个，每个超级节点的负载不会太大，同时，能够大量降低节点查找的时间，减少消息传播的次数。

二、GSM 覆盖增强技术

（一）GSM

1. GSM 的概念

GSM，英文全名为 Global System for Mobile Communications，中文名称为全球移动通信系统，俗称"全球通"，是一种起源于欧洲的移动通信技术标准，即第二代移动通信技术。其开发目的是让全球各地可以共同使用一个移动电话网络标准，让用户使用一部手机就能行遍全球。

我国于 20 世纪 90 年代初引进此项技术标准，此前采用的是蜂窝模拟移动技术，即第一代 GSM 技术（2001 年 12 月 31 日我国关闭了模拟移动网络）。

GSM 系统包括 900 MHz（GSM900）、1800 MHz（GSM 1800）、1900 MHz

（GSM1900）等频段。GSM 是一种广泛地应用于欧洲及世界其他地方的数字移动电话系统。它是 TDMA 技术的变体，并且是目前三种数字无线电话技术（TDMA、GSM 和 CD-MA）中使用最为广泛的一种。GSM 将资料数字化，并将数据进行压缩，然后与其他的两个用户数据流一起从信道发送出去，另外的两个用户数据流都有各自的时隙。GSM 实际上是欧洲的无线电话标准。据 GSM MOU 联合委员会报道，GSM 在全球有 12 亿用户，并且用户遍布 120 多个国家。许多 GSM 网络操作员与其他国外操作员有漫游协议，因此，当用户到其他国家之后，仍然可以继续使用他们的移动电话。

GSM 及其他技术是无线移动通信的演进，无线移动通信包括高速电路交换数据、通用无线分组系统、基于 GSM 网络的数据增强型移动通信技术以及通用移动通信服务。

2. GSM 的技术特点

（1）频谱效率。由于采用了高效调制器、信道编码、交织、均衡和语音编码技术，所以系统具有高频谱效率。

（2）容量。每个信道传输带宽的增加，使同频复用载干比要求降低至 9 dB，因此 GSM 系统的同频复用模式可以缩小到 4/12 或 3/9 甚至更小（模拟系统为 7/21）；加上半速率语音编码的引入和自动话务分配减少了越区切换的次数，从而使 GSM 系统的容量效率（每兆赫每小区的信道数）比 TACS 系统高 3～5 倍。

（3）语音质量。鉴于数字传输技术的特点以及 GSM 规范中有关空中接口和话音编码的定义，在门限值以上时，语音质量总是达到相同的水平而与无线传输质量无关。

（4）开放的接口。GSM 标准所提供的开放性接口，不仅限于空中接口，还可以用于报刊网络之间以及网络中各设备实体之间，如 A 接口和 Abis 接口。

（5）安全性。GSM 通过鉴权、加密和 TMSI 号码的使用，达到安全的目的。鉴权用来验证用户的入网权利；加密用于空中接口，由 SIM 卡和网络 AUC 的密钥决定；TMSI 是一个由业务网络给用户指定的临时识别号，以防止有人跟踪而泄露其地理位置。

（6）与 ISDN、PSTN 等的互联。与其他网络的互联通常利用现有的接口，如 ISUP 或 TUP 等。

（7）在 SIM 卡基础上实现漫游。漫游是移动通信的重要特征，它标志着用户可以从一个网络自动进入另一个网络。GSM 系统可以提供全球漫游，当然也需要网络运营者之间的某些协议，如计费。

3. GSM 通信系统的组成

GSM 通信系统主要由移动交换子系统（MSS）、基站子系统（BSS）、移动台（MS）和操作维护子系统（OMC）四部分组成。其中，MSS 与 BSS 之间的接口为 A 接口，BSS 与 MS 之间的接口为 Um 接口。GSM 规范对系统的 A 接口和 Um 接口都有明确的规定，也就是说，A 接口和 Um 接口是开放的接口。

（1）移动交换子系统（MSS）。MSS 主要实现完成信息交换、用户信息管理、呼叫接续、号码管理等功能。

（2）基站子系统（BSS）。BSS 是在一定的无线覆盖区中由 MSC 控制，与 MS 进行通信的系统设备，主要实现信道的分配、用户的接入和寻呼、信息的传送等功能。

（3）移动台（MS）。MS 是 GSM 系统的移动用户设备，由移动终端和客户识别卡（SIM 卡）两部分组成。移动终端就是"机"，它可完成语音编码、信道编码、信息加密、信息的调制和解调、信息的发射和接收。SIM 卡就是"人"，它类似于人们现在所用的 IC 卡，因此也称作智能卡，存有认证客户身份所需的所有信息，并能执行一些与安全保密有关的重要信息，以防止非法客户进入网络。SIM 卡还存储与网络和客户有关的管理数据，只有插入 SIM 卡后移动终端才能接入进网。

（4）操作维护子系统（OMC）。GSM 系统还包括操作维护子系统，对整个 GSM 网络进行管理和监控，通过它实现对 GSM 网内各种部件功能的监视、状态报告、故障诊断等功能。

（二）GSM 覆盖增强

1. GSM 覆盖增强的概念

GSM 覆盖增强技术可以通过基站功率放大器和塔顶放大器来实现，以有效扩大上下行覆盖范围，但无法解决覆盖范围超过 35 km 的时延问题。

2. GSM 覆盖增强的工作原理

GSM 覆盖增强技术，是通过在基站机房内加装大功率、超线性射频功率放大器来放大下行信号，提高信号对遮挡物的穿透性，以达到扩大基站覆盖区域的目的；在接收系统前端增加塔顶放大器来提高上行接收灵敏度，在解决基站上下行链路平衡问题的同时降低基站上行噪声、提升上行增益，改善基站接收性能。

但是在实际应用中，由于传播路径引起的信号损耗非常明显，所以应综合考虑传播路径中的地形修正因子引起的信号强度的非正常衰减。为了防止因衰落（包括快衰落和慢衰落）引起的通信中断，在信道设计中，必须使信号的电平留有足够的余量，以使掉话率小于规定值，这种电平余量称为衰落储备。衰落储备的大小取决于地形、地物、工作频率及要求的通信可靠性（接通率）等指标。

基站功率放大器系统在不改变基站原有设备的基础上，使基站的发射功率由 20～40 W 增加至 200 W，这样就大幅提高了基站电平的衰落储备，使原有服务区域的覆盖距离增加。以基站原覆盖半径 7 km 为例，安装前自由空间电波传播损耗为 108 dB。安装后，下行信号如果增加 4 dB，相应的传播信道衰落储备增加 4 dB，达到 112 dB。由此计算可得出：安装前后覆盖距离扩大了 3.56 km，覆盖半径增加了 50% 左右。

3. GSM 覆盖增强的技术特点

采用覆盖增强技术可以直接利用原有的天馈系统，无须改动基站原有结构，并使

GSM 基站的覆盖范围得到扩大。一方面，可使正在建设的基站数目减少；另一方面，可在已建好的基站上使用，加大基站功率，增强穿透性，减少建筑物对信号阻挡造成的盲区，从而提高现有网络的覆盖质量。

（1）扩大信号的覆盖范围。目前基站的发射功率一般为 20～40 W，覆盖半径相对较小，不足 7 km。若采用基站功率放大器（上行结合塔顶放大器），就可以在每个发射通道得到 200 W（53 dB）的发射功率，上行信号经塔顶放大器放大后增加 12 dB 左右，将基站覆盖范围扩展到 15～30 km，从而可以减少基站数量，并且优化了业务量较少的边际网地区的网络覆盖指标，从而达到少建基站、节约成本、降低工程难度的目的。

（2）加大信号穿透深度，改善信号强度。一般而言，蜂窝移动通信建筑物的穿透损耗与城市化参数、建筑物高度和密度有关，并且还会随频率的增高而降低。可见，在同样距离条件下，建筑物的室内电平比室外低得多。因此，安装基站功率放大器可以提高小区的通话效率。

（3）降低掉话率，改善通话质量。基站的掉话大部分是在无线接口掉话。塔顶放大器最根本的技术原理是降低基站接收系统的噪声系数，提高基站接收灵敏度，这对改善无线接口的掉话是非常有益的。加装塔顶放大器的基站，由于其上行接收电平得到加强，所以所需的手机发射功率可以降低，这不仅为手机用户带来节省电量和减少辐射的好处，更重要的是有效降低了上行链路的同频和邻频干扰。同时，上行塔顶放大器的安装，使馈线引入的噪声降低，从而最大限度地改善了整个网络的通话质量。

（4）增加话务量，节省费用，提高经济效益。加装基站功率放大器的基站由于不需要增加新的基站即可覆盖面积更大的区域，因此，不仅可以节省网络建设资金，还可容纳更多的用户，同时降低网络维护的成本，相应地提高了无线资源的有效利用率和经济效益。

（5）工程周期短、见效快。由于仅需加装基站功率放大器和塔顶放大器，不需要进行任何基建投资和基础工程建设，因此工期大大缩短，短期内即可产生较好的社会效益和经济效益。

（6）提高运营商的信誉和竞争力。基站功率放大器安装之后，网络覆盖范围将明显增加，同时，通话质量和掉话率也得到改善，用户投诉减少。这将大大地增加用户对运营商的信任度，从而为运营商赢得更多客户，增强运营商的竞争实力。

第六章　新型网络技术

第一节　新型网络架构

一、新型网络架构总览

针对互联网发展过程中所面临的路由系统的可扩展性、移动性、多家乡、流量工程、端到端业务能力等问题，笔者提出了一种基于身份与位置分离的层次化新型互联网架构，该架构将互联网划分为三个层次，即边缘接入层、自治域层、核心交换层。这种分层的架构设计，能够简化互联网的管理复杂度，大幅降低核心路由表规模，有利于各层次网络技术的独立演进，有利于网络运营商针对自身需求的技术定制。

（一）边缘接入层

边缘接入层主要负责互联网边缘用户的业务接入以及各个边缘接入网络内部用户之间的流量交互。边缘接入层由不同的边缘接入网络构成，如企业网、校园网、园区网、小区宽带接入网等，提供边缘网络内部用户之间的通信，以及汇集边缘用户流量到上级自治域层网络中。边缘接入层的接入终端类型多样，包括固定终端和移动终端，如笔记本电脑、平板电脑、智能手机、物联网的传感器等。

（二）自治域层

自治域层主要负责自治域内部各边缘接入网络之间的流量交互。自治域层由不同的自治域网络构成，各自治域网络由单独的自治域运营商建设、维护和管理，并向边缘接入层中的边缘接入网络用户提供互联网接入服务。一方面，实现不同边缘接入网络内用户的互通；另一方面，汇集边缘接入网络的上行流量并送往核心交换层。

（三）核心交换层

核心交换层主要负责不同自治域间的流量交互。核心交换层不是由某一个单独机构建设和运维的网络，而是由各个自治域网络中的核心交换节点互联构成的一个扁平化的自治网络，其相关节点的所有权和管理权归于各个自治域网络提供商，其运行和管理应符合核心交换层的相关协议与规范。

二、新型网络架构的具体内容

（一）标识的定义

标识的定义是网络架构设计的基础之一，不同类型网络中的标识也往往采取不同的形式。互联网作为全球通用的信息传输基础设施，其标识的定义也与一般性的网络不同，需要综合考虑各种因素，如便于管理和分配、便于路由、便于标准化、便于业务部署等。

1. 身份标识

新兴网络架构采用了一种基于层次结构的身份标识定义方法，终端的身份标识由128 bit的无符号整数表示，其主要包括四个部分，即标识类型、自治域ID、自治域内路由前缀、边缘ID。

（1）标识类型（2 bit）。标识类型是用于指明该标识的终端属性。例如，标识类型为"00"表明该标识是终端的身份属性；标识类型为"01"表明该标识为终端的位置标识等，不同的标识类型值有不同的语义。

（2）自治域ID（30 bit）。自治域ID是所属自治域运营商从国际互联网数字分配机构（IANA）分得的自治域网络唯一身份标识，该标识类似于传统互联网中的自治系统号但又有所区别。首先，传统自治系统号只有16 bit，而自治域的长度为30 bit，因此，相比传统互联网而言，新型网络架构下可以容纳更多的自治域网络。其次，传统的自治系统号仅用于路由协议中的路由学习，在实际的互联网报文中并不携带自治系统号，而在新型互联网架构下，自治域将随身份标识一起被报文携带，并用于指导报文在核心交换层的转发。

（3）自治域内路由前缀（64 bit）。其指明终端所属的边缘接入网络在相应自治域网络的接入点标识，用于指导报文正确转发到目的边缘接入网络中。自治域路由前缀的管理与分配由各个自治域网络运营商自行组织，不同自治域网络中的编址格式也可以不同。这给自治域网络运营商提供了极大的自由度。不同自治域网络运营商可自行设计自治域网络内部的路由算法与转发机制，各个自治域网络运营商采用的技术和协议可独立发展、互不影响。

（4）边缘ID（32 bit）。边缘ID是由终端所属边缘接入网络自行分配与管理的终端标识，该标识在单个边缘接入网络内部具有唯一性。边缘的分配有两种形式：一种是由终端自行选择一个的无符号整数作为其边缘并向边缘接入网络的管理员或管理服务器提出申请，若无冲突则允许该终端使用，并在数据库中添加相关记录；另一种是采用类似于传统的动态分配方式进行边缘的分配。可见边缘的申请与传统互联网中终端地址的申请类似，但是与地址不同的是边缘采用无结构化的扁平设计。这是因为它并不用于报文的寻址，而仅仅用于标识边缘接入网络内一个终端的身份。

2. 位置标识

位置标识与身份标识相对应，也是由128 bit的无符号整数表示，其格式也与身份标识格式相似，同样包括四个部分，即标识类型、自治域ID、自治域内路由前缀、边缘地址。

（1）标识类型（2 bit）。位置标识的标识类型也是用于指明该标识是终端的属性，标识类型的语义与身份标识类型一致。例如，作为身份标识时，标识类型设为"00"；作为位置标识时，标识类型设为"01"。标识类型的引入为身份标识与位置标识在某些特殊情况下的复用提供了基础，如报文头部压缩等。

（2）自治域 ID（30 bit）。位置标识的自治域 ID 与身份标识中的自治域 ID 定义类似，但又有所区别。身份标识中的自治域是指该终端所属自治域，而位置标识中的自治域 ID 则是指该终端当前所处自治域 ID 对于固定终端和未发生移动的移动终端而言，身份标识与位置标识中的自治域 ID 相同，当移动终端发生移动后，其位置标识中的自治域 ID 则可能会发生变化。

（3）自治域内路由前缀（64 bit）。位置标识中的自治域内路由前缀与身份标识中的自治域路由前缀相似，都是用于指导报文正确转发到目的边缘接入网络中。但不同的是，身份标识中的自治域路由前缀是该终端所属边缘网络所接入的自治域位置的路由前缀，而位置标识中的自治域路由前缀则是该终端当前所处边缘接入网络所接入的自治域位置的路由前缀。

对于固定终端和位于归属边缘接入网络的移动终端而言，身份标识中的自治域路由前缀与位置标识中的路由自治域前缀相同；而对于移动到其他自治域网络或其他边缘接入网络中的移动终端而言，其身份标识中的自治域路由前缀与其位置标识中的路由自治域前缀则不相同，前者体现的是归属位置，而后者体现的则是当前位置。

（4）边缘地址（32 bit）。边缘地址是边缘接入网络内部统一管理和分配的地址，其管理和分配策略与传统地址类似，按照边缘接入网络的拓扑进行分级编址，边缘地址主要用于指导报文在边缘接入网络内部的路由与转发。边缘地址的功能与传统地址极为相似，其分配方法有静态分配和动态分配两种。静态分配是指终端根据指定的前缀自行配置一个无冲突的边缘地址，并注册到边缘接入网的中心位置管理服务器；动态分配是指通过边缘接入网中位置管理服务器上的 DHCP（Dynamic Host Configuration Protocol）进行分配。

（二）终端协议栈

传统互联网的网络层演化为新架构下的身份层和位置层两个协议层次。终端协议栈的变化本质上是身份与位置分离设计思想的体现。传统互联网由于地址具有双重属性（即身份属性和位置属性），终端协议栈中的网络层可以同时描述通信双方的身份信息与位置信息，为通信会话的保持提供必要的信息。然而，对于本架构而言，由于其身份属性与位置属性实现了解耦，分别由终端的身份标识和位置标识来描述，终端协议栈中难以再用一个层次来同时描述身份与位置两个信息，尤其是终端的位置信息可能会随时改变，这更加不适合用一个协议层次来同时描述两个属性。

新兴网络架构下终端协议栈将传统网络层的身份属性与位置属性解耦，引入身份层与位置层两个协议层次分别描述通信双方的身份信息和位置信息。身份层以上的各个协议层次（应用层和传输层）中的会话控制信息与身份标识关联。也就是说，上层业务只需要感知终端的身份信息即可，而位置信息对于上层业务和用户来说是透明的。身份层以下的协议层次（位置层、链路层和物理层）中的控制信息则与位置标识关联。也就是说，身份层以下主要关注与报文在网络中的传输，将报文正确地送达目的地，而不需要关注报文的身份。身份层与位置层之间由相关标识映射与解析系统进行关联。

（三）报文封装格式

1. 传统互联网

传统互联网的报文封装格式包括四个部分，即链路层头、网络层头、传输层头和有效载荷。

（1）链路层头。链路层头包含报文的链路层相关信息，如链路层地址、协议类型、报文长度等信息。链路层头用于报文在二层网络内部的路由与转发，如以太网、无线网、中继网等，不同的物理网络中所使用的链路层头格式也不尽相同。

（2）网络层头。网络层头描述的是报文网络层的信息，如报文的源地址、目的地址、上层协议类型等信息，用于指导报文在互联网上的传输。

（3）传输层头。传输层头包含的是端到端的会话状态，用于通信双方的流量控制和拥塞控制。

（4）有效载荷。有效载荷是最终的上层业务数据，是报文真正要携带的内容。

2. 新型网络架构

新型网络架构中的终端协议栈与传统互联网协议栈存在不同，其报文封装格式也表现出不同，即网络层头分解为位置层头和身份层头。新架构下报文的链路层头与传统互联网报文的链路层头语义相同，用于指导报文在二层网络内的路由与转发。

（1）位置层头。位置层头包含通信双方的位置信息，如目的位置标识和源位置标识等信息，用于指导报文在互联网上的路由与转发。

（2）身份层头。身份层头则用于标识通信双方的身份属性，有效区分报文收发双方的身份。传输层与传统互联网报文的传输层语义一致，用于通信双方的流量控制和拥塞控制。上层业务和用户数据则封装在有效载荷部分。

（四）基本通信流程

（1）终端 A 向系统 DNS 发送 ID Request 消息并携带 B 的域名信息，从 DNS 系统中查询 B 的身份标识。

（2）DNS 系统依据 B-FQDN 查询相关服务器，如果查到相关记录，则向终端 A 返回 ID Reply 消息并携带终端 B 的身份标识，否则，通知终端 A 查询失败。

（3）如果终端 A 正确地获取到终端 B 的身份标识，则终端 A 继续向标识映射与解析系统发送 Locator Request 消息并携带终端 B 的身份标识，从标识映射与解析系统中查询终端 B 的当前位置，即终端 B 的位置标识。

（4）如果标识映射与解析系统根据终端 B 的身份标识正确解析到了 B 的位置标识，则向终端 A 回复 Locator Reply 消息并携带终端 B 的位置标识，否则返回查询失败。

（5）如果终端 A 正确查询到终端 B 的位置标识，而终端必然知道自身的身份标识与位置标识，因此，终端 A 封装会话建立请求报文并发往终端 B。当终端 B 收到该报文后，从报文中可以解析出终端的身份标识与位置标识，因此，终端 B 可以直接封装会话建立应答报文并发送给终端 A。至此，终端与终端之间的会话建立完毕，双方可以进行流量交互。

（五）路由与转发

路由与转发机制是互联网架构的核心，该架构根据其全新的标识定义及协议栈结构采用了与传统互联网 IPv4 不同的路由和转发机制。

基于架构自身网络结构的层次化特征，采用一种分层的路由与转发机制来实现报文在互联网中的传输。根据架构的层次划分，报文的路由与转发也包含三个层次，即边缘接入网络内路由与转发、自治域网络内路由与转发、核心交换网络内路由与转发。

1. 边缘接入网络内路由与转发

边缘接入网络内路由与转发是指边缘接入网络中的网元根据报文中的目的边缘地址进行路由与转发的过程，直到将报文送达目的终端或者边缘接入网络的出口网关。

2. 自治域网络内路由与转发

自治域网络内路由与转发是指在同一自治域网络内的网元根据报文中目的位置标识的自治域路由前缀字段进行报文的路由与转发的过程，直到将报文送达其目标边缘接入网络或核心交换网络中。

3. 核心交换网络内路由与转发

核心交换网络内路由与转发是指核心交换网络中的网元根据报文中目的位置标识中的自治域 ID 字段进行路由与转发的过程，直到将报文送到目的自治域网络。

三、新型网络架构的关键技术

（一）路由可扩展性

1. 传统互联网

路由可扩展性反映的是路由系统中的路由表规模问题。它主要是针对核心网而言的，因为边缘网络的组织和管理相对简单，地址的规划也相对统一，所以边缘网络内的路由表规模一般可以限制在较合理的范围内。传统互联网由于其扁平化的地址分配策略，特别是与运营商、地理位置均无关的 PI（Provider Independent）地址的大量使用以及多家乡站点和流量工程业务的大量增长，要求传统互联网核心区域只能基于目的地址前缀进行路由，这就导致了传统互联网核心区域的路由表规模的飞速膨胀。

2. 新型网络架构

新型网络架构下，对于边缘接入网络和自治域网络来说，由于其管理和运营均由同一运营商来组织，特别是网络编址由各运营商自行控制，因此在边缘接入网络与自治域网络中，路由表能够被限制在一个相对较小的规模。而对于核心交换网，由于不再根据前缀进行转发，而是基于目的位置标识中的自治域字段进行转发，因此核心交换网中的路由表规模实际上取决于互联网中自治域数目的多少。用自治域 ID 取代传统地址前缀进行路由，除了能够大幅度地减小核心路由表规模外，还能够简化核心交换网中的路由协议设计。

（二）移动性管理

移动性作为未来互联网最重要的特征之一，在未来互联网架构的设计中也是必须要考虑的问题。移动性的本质是位置属性变化而身份属性不变。传统 IPv4 的互联网之所以在解决终端移动性方面具有重大缺陷，其主要原因就是 IP 地址同时承载了终端的身份属性和位置属性，一旦终端移动后 IP 地址发生改变，其身份属性与位置属性同时被改变，终端在移动之前建立的但尚未结束的通信会话将无法继续保持。这是因为之前的通信会话状态均是建立在该终端移动之前的身份属性之上。从某种程度上来说，虽然移动 IP 协议能够提供互联网的移动性支持，但是由于其自身的众多缺陷而未能真正大范围商业化部署。

新型网络架构，将终端的身份属性与位置属性分离定义，当终端的位置属性发生改变时可保持其身份属性不变，为终端的移动性管理奠定了基础。对海量移动终端的位置管理是由移动位置管理系统实现的，切换控制机制可借鉴传统无线网络中的切换控制方法，如基于信号强度、基于基站负载情况等。

（三）多家乡

多家乡是指一个站点同时接入多个网络运营商以获取可靠的互联网接入服务。传统互联网的多家乡是利用从多个 ISP（Internet Service Provider）分别通告 BGP 路由前缀的方式来实现到多家乡站点的多路径可达，但是这种方式带来的问题是增加了核心路由表的数目，恶化了互联网核心路由系统的可扩展性问题。

新型网络架构下采用与传统互联网完全不同的机制来解决多家乡站点的接入问题，其基本思路是：在边缘接入网络的出口网关上动态修改上行报文中源位置标识的自治域路由前缀字段与自治域 ID 字段，进而引导通信端的流量从不同的运营商网络进入多家乡站点，使该多家乡站点多路径可达。这种设计的好处是：一方面，边缘接入网内的网元不需要感知站点多家乡（因为边缘地址字段没变）；另一方面，也不增加核心路由系统的压力，不会带来路由可扩展性问题。

（四）流量工程

与多家乡实现手段类似，传统互联网的流量工程是利用拆分地址前缀的方式来实现的，通过向互联网核心区域通告更细粒度的 BGP 路由条目来实现对某些业务流量的精确路由指定。例如，如果需要指定某一条流的精确路径，则需要向互联网核心区域注入一条主机路由（掩码长度为 32）。显然，该方法带来的一个重要问题就是增加了互联网核心路由表条目，特别是流量工程配置的越精细则核心路由表条目增加得越多，从而加重了路由可扩展性问题。

新型互联网架构下，流量工程问题的解决思路与之前多家乡问题的解决思路一致，也是通过在边缘接入网络的网关上进行位置标识映射来实现的。当需要指定某些业务流的路径时，只需在接入网的网关上将其源位置标识中的自治域和自治域路由前缀改为期望的路径的自治域和自治域路由前缀即可，基本过程与多家乡的实现过程一致。

（五）端到端业务能力

传统互联网由于其身份属性与位置属性相同，同由 IP 地址标识，所以当网络中存在 NAT（Network Address Translation）等网络中间件时，报文在穿越这些网络中间件时 IP 地址可能会被改变，这样就破坏了端到端的业务能力。传统互联网中 IPv4 地址空间的不足导致大量的 NAT 设备使用，直接导致的后果是传统互联网不具备端到端的业务能力。

在新型互联网架构下，由于终端的身份属性与位置属性分离，分别由身份标识与位置标识表示，上层业务状态只与身份标识关联，与位置标识无关，这种解耦带来的好处是位置标识对于上层业务来说是透明的。报文在穿越 NAT 等网络中间件时其身份标识不变，因此，新型互联网架构下可实现对业务状态的端到端控制，其具备端到端的业务能力。

第二节　自组织网络技术

一、自组织网络概述

（一）自组织网络的概念

移动自组织（Ad Hoc）网络是一种多跳的临时性自治系统。它的原型是美国早在 1968 年建立的 ALOHA 网络与之后于 1973 年提出的 PR（Packet Radio）网络。ALOHA 网络需要固定的基站，网络中的每一个节点都必须和其他所有节点直接连接才能互相通信，是一种单跳网络。直到 PR 网络，才出现了真正意义上的多跳网络，网络中的各个节点不需要直接连接，而是一方面，网络信息交换采用了计算机网络中的分组交换机制，而不是电话交换网中的电路交换机制；另一方面，用户终端是可以移动的便携式终端，如笔记本、PDA 等，用户可以随时处于移动或者静止状态。无线自组织网络中的每个用户终端都兼有路由器和主机两种功能。作为主机，终端可以运行各种面向用户的应用程序；作为路由器，终端需要运行相应的路由协议。这种分布式控制和无中心的网络结构能够在部分通信网络遭到破坏后维持剩余的通信能力，具有很强的鲁棒性和抗毁性。

作为一种分布式网络，移动自组织网络是一种自治、多跳网络，整个网络没有固定的基础设施，能够在不能利用或者不便利用现有网络基础设施（如基站、AP）的情况下，提供终端之间的相互通信。由于终端的发射功率和无线覆盖范围有限，因此距离较远的两个终端如果要进行通信就必须借助其他节点进行分组转发，这样节点之间就构成了一种无线多跳网络。

网络中的移动终端具有路由和分组转发功能，可以通过无线连接构成任意的网络拓扑。移动自组织网络既可以作为单独的网络独立工作，也可以以末端子网的形式接入现有网络，如 Internet 网络和蜂窝网。

（二）自组织网络的技术特点

1. 无线自组织网络的核心特征

（1）无中心化和节点之间的对等性。无线自组织网络是一个对等性网络，网络中所有节点的地位平等，无须设置任何中心控制节点，不依赖固定的网络设施。网络节点既是终端，也是路由器，当某个节点要与其覆盖范围之外的节点进行通信时，需要中间节点（普通节点）的多跳转发。

（2）自发现、自动配置、自组织、自愈性。自组织网络的网络节点能够适应网络的动态变化，快速检测其他节点的存在和探测其他节点的能力集，网络节点通过分布式算法协调彼此的行为，无须人工干预和任何其他预置的网络设施，可以在任何时刻任何地点快速展开并自动组网。由于网络的分布式特征、节点的冗余性和不存在单点故障点，任何节点的故障不会影响整个网络的运行，因此具有很强的抗毁性和健壮性。

2. 无线自组织网络在无线通信中具有的特性

（1）无线传输带宽有限。无线自组织网络采用无线传输技术作为底层通信手段，由于无线信道本身的物理特性，它所能提供的网络带宽相对有线信道要低得多，节点间通信协议的设计必须考虑通信代价。

因此，路由协议设计时，减少消息数量和带宽需求成为重要的考虑因素，无线自组织网络很难采用目前 IP 网络中的现有路由协议进行寻址。

（2）移动终端有节能要求。由于移动终端的电量有限，节点处于待机状态有利于减少电量消耗，因此节点通信协议设计时要尽量减少节点激活时间和节点的计算量（减少CPU 能量消耗）。

（3）安全性较差。由于采用无线信道、有限电源、分布式控制等技术，无线自组织网络更加容易受到被动窃听、主动入侵、拒绝服务、剥夺"睡眠"等网络攻击，因此信道加密、抗干扰、用户认证和其他安全措施都需要特别考虑。

（4）存在单向的无线信道。由于地形环境或发射功率等因素的影响，网络中可能存在单向无线信道，增加了节点间通信协议的设计难度。

（三）自组织网络的应用

1. 自组织网络的应用领域

（1）军事通信。在现代化的战场上，由于没有基站等基础设施可以利用，装备了移动通信装置的军事人员、军事车辆以及各种军事设备之间可以借助移动自组织网络进行信息交换，以保持密切联系，协同完成作战任务；装备音频传感器和摄像头的军事车辆与设备也可以通过移动自组织网络，将目标区域收集到的位置和环境信息传输到处理节点；需要通信的舰队战斗群之间也可以通过移动自组织网络建立通信，而不必依赖陆地或者卫星通信系统。

（2）移动会议。当前，人们经常携带笔记本等便携式终端参加各种会议。通过移动自组网技术，可以在不借助路由器、集线器或基站的情况下，将各种移动终端快速组织成无线网络，以完成提问、交流和资料的分发。

（3）移动网络。因为移动终端一般没有与拓扑相关的固定 IP 地址，所以通过传统的移动 IP 协议无法为其提供连接，需要采用移动多跳方式联网。

在实际应用中，移动自组网除了可以单独组网实现局部通信以外，还可以作为末端子网通过网关连接到现有的网络基础设施上，移动自组网可以成为各种通信网络的一种无线接入手段。

（4）连接个域网络。个域网络只包含与某个人密切相关的装置，这些装置无法与广域网连接。蓝牙技术是当前一种典型的个域网技术，但是它只能实现室内近距离的通信，因此，移动自组织网络就为建立 PAN 与 PAN 之间的多跳互连提供了可能性。

（5）紧急服务和灾难恢复。自然灾害或其他各种原因导致网络基础设施出现故障而无法使用时，快速恢复通信是非常重要的。借助移动自组织网络技术，能够快速建立临时网络，延伸网络基础设施，从而减少营救时间和灾难带来的危害。

（6）无线传感器网络。无线传感器网络是移动自组织网络技术的一大应用领域。传感器网络使用无线通信技术，由于发射功率较小，只能采用多跳转发方式进行通信。分布在各处的传感器节点自组织成网络，以完成各种应用任务。

2. 自组织网络发展遇到的问题

（1）需求不足。移动自组织网络主要应用于军事野战环境、应急通信、汽车通信、家庭网络和办公室内部通信等环境，随着通信网络（有线、移动）基础设施的改善，以及通信网络覆盖范围的扩展，自组织网络的应用范围不会很广。另外，自组织网络的安全问题十分突出，用户会担心自己的个人信息在通过别人的终端转发时发生泄露，这种安全顾虑抑制了用户对自组织网络的需求。

（2）缺乏利润来源。一个自组织网络目前只是一个独立的网络，其采用对等方式实现封闭的小范围内通信。在这个封闭的网络中，每个节点都提供服务业享受服务，各方地位平等。但是这种免费的模式很难吸引商业资本的接入，网络规模很难做大。

3. 5G 对自组织网络的需求

通信技术的发展包括更多地使用云计算技术。随着家庭汽车智能化以及丰富多彩的多媒体应用的增长，将推动通信系统向高速度、低时延、大容量发展。5G 向着具有更宽的频带、更高的频谱效率、更高级别的小区复用、更优化的无线资源管理策略多维发展。

5G 技术创新主要来源于无线技术和网络技术两个方面。在无线技术领域，大规模天线阵列、超密集组网、新型多址和全频谱接入等技术已成为业界关注的焦点；在网络技术领域，基于软件定义网络（SDN）和网络功能虚拟化（NFV）的新型网络架构已取得广泛共识。另外，基于滤波的正交频分复用（F-OFDM）、滤波器组多载波（FBMC）、全双工、灵活双工、终端直通（D2D）、多元低密度奇偶检验（Q-ary LDPC）码、网络编码、极化码等也被认为是 5G 重要的潜在无线关键技术。从整体的角度来看，5G 系统需要无线系统与回传系统、相关联的互联网内容和应用服务器配合。

5G 系统中，自组织网络技术不再是可选技术，而是强制技术，绑定的软件功能模块能动态地感知、评估和调整网络，给用户提供平滑和无边界的使用感知。因此，5G 系统中自组织网络技术需要在 LTE 的基础上，增加功能以适应 5G 无线系统的新特性，尤其在自组织网络的架构方面，由于 5G 系统采用小小区（Small Cell）技术，可能存在多种服务不同制式的小区（2/3/4GLTE、5G、Wi-Fi），为满足用户平滑无缝的业务体验，需要更高级别和复杂度的自组织网络架构，以便进行这些小区数据的交互和处理，使小小区有效配合。

二、网络自组织关键技术

（一）干扰管理自优化技术

当前网络环境下的干扰管理采用的是分布式干扰协调技术，各小区间的交互控制信令负荷会伴随小区密度的扩大而以二次方的趋势有所升高，能够大大地提高网络控制信令负荷。因此，在将来的 5G 超密集网络场景下，便可借助局部区域当中的分簇化集中对其进行控制，并以此应对各小区间的干扰协调情况。采取分簇集中控制方式，不但可以应对将来在网络超密集场景下的部署干扰问题，还可以更加有效地实现在同等无线接入技术之下各小区间资源联合优化配置、负载均衡等各种存在明显差异的无线接入系统的数据分流、负载均衡，进而便可促使整体系统的容量及资源利用率得到大幅度的提高。

（二）负载均衡自优化技术

负载均衡自优化技术是利用对无线网络资源的合理配置来提供给网络系统中需要应用服务的用户，进而达到较高的用户体现，并且可促使整体系统容量得到大幅度的提高。移动通信在时间与空间两个方面还存在十分显著的不均衡特性。其中，空间方面的不均衡主要体现在同一时间段内各小区间会存在较大的负载差异，进而便会致使某些小区资源不足而引发较大的负载差异。另外，还有一些小区的资源空置率较高，利用率严重不足，无法达到对资源的合理化配置与应用。

负载均衡的重要目的就是促使各小区业务空间的不均衡现象能够得以改善，并达到更加均衡的状态。借助对网络参数的优化和切换行为，促使网络容量超载小区业务量可被分配至较为空闲的小区，以促使各小区间的业务量不均衡情况能够达到平衡状态，促使系统容量得到大幅提升。

（三）故障检测和分析技术

故障检测和分析技术具备智能化的故障处理功能，重点是基于对无线参数等相关信息的发掘，从而对网络当中所出现的中断故障情况做出自动化的测定。在无线通信网络当中，以往的网络故障检测工程往往需要专业的检测人员投入大量的时间、精力，人力资源成本支出较高。而面对越来越密集的网络元节点部署情况，以及用户需求也越来越多，网络环境正变得愈发复杂，因此，人们越来越重视对网络故障的自动检测技术。

（四）网络中断补偿技术

一旦发现网络出现故障情况之后，应及时采取相关的补偿处理措施来避免出现大规模的网络瘫痪情况。以往较常采取的方式是针对周围接入点的无线参数进行调节，如功率、天线仰角等，但是这些方式仅适用于宏蜂窝网络结构当中。

有研究人员针对5G超密集场景，提出了一种协作资源分配算法，具体操作如下：由一般信道当中选出一组用作专项补偿信道，从而给予网络故障区域的用户进行中断补偿来达到系统速率的最优化。

还有研究者对用户的公平性进行了更深的考量，提出了基于公平条件下的协作资源配置算法，其考虑了加权与速率最大化的情况，同时应用比例公平调度向用户提供服务。但需要注意的是，在5G超密集场景下，因接入点密集分布以及异构节点同时存在，所以必须就跨层干扰以及基站选取进行充分的考量，从而做出最优化的选择。

三、自组织网络技术的发展

（一）加强技术研究，探索技术方向，寻求技术突破，为大规模商业化应用时代的到来做准备

对超前市场的新技术，企业投资研发的力度一般都很小，这时候要充分发挥政府对新技术和新业务的引导作用，设置专项课题进行资金支持。目前，我国"863计划"中已经连续多年设置了"自组织网络"的研究课题，但是通过课题指南和项目批复来看，项目支持的技术方向并不明确，以后应该加强无线自组织网络安全、服务质量、与其他网络融合、与RFID结合等方面的支持力度，对关键问题进行聚焦，争取在这些核心问题上取得

突破。

在技术研发过程中，需要通过标准、知识产权、产业政策等手段加强产、学、研等方面的结合力度，鼓励结成战略联盟，提倡联合攻关、联合资助、优势互补，加快科研成果的生产力转化速度和质量。

在国内启动相关技术标准的研究制定工作（包括应用场景、技术需求、体系结构、关键模块、组网方式、检测试验等方面的技术标准），积极参与相关国际标准化进程。

（二）加强自组织网络安全保障机制的研究，解决安全隐患，清除用户使用顾虑

安全性是决定自组织网络潜能能否得到充分发挥的关键。由于不依赖固定基础设施，相对于固定 IP 网络，自组织网络更易受到各种安全威胁和攻击，而且传统网络的安全解决方案不能直接应用于自组织网络，现存的用于自组织网络的大多数协议和提案也没有很好地解决安全问题。因此，要加强自组织网络安全保障机制的研究，应消除产业化道路上的关键障碍。

（三）寻找自组织网络与其他通信网络的融合之路，探索新的商业模式

第一，在网络融合的发展趋势下，封闭的自组织网络只有与其他网络互联互通才能发挥更大的作用。因此，要加强自组织网络与 IP 网络等无线网络融合方式的研究。

第二，随着具有自组织特性的网络越来越多（如 PZP 网络、分布动态路由协议等），要加强对这些网络内在自组织机制和特性的研究，争取形成新的网络基础理论，从而对未来承载网和业务网的发展提供理论基础。

第三，要加强自组织网络应用场景与应用需求的研究，重点研究自组织网络如何与应急通信需求、物联网（RFDI）需求的结合；结合 NGN 框架，探索新的应用领域和产业链各方的合作模式。

第四，在下一代网络、下一代互联网、网格通信基础设施上，建立面向不同应用背景的无线自组织试验网络和相应的应用系统，分别提供商业应用、企业应用（企业内部通信）、社会公共服务（应急通信），重点探索自组织网络在企业内部的应用方式。

第三节　情境感知技术

一、情境感知概述

（一）情境

环境感知是人类的天性，人类的行动或行为总是有意或无意地源自一组特定的环境，或受某一特定环境的影响。环境感知能力是因为人类的身体拥有非常复杂的感官，这些感受器官能够感觉到来自身边世界的刺激，这种刺激接着被大脑转换成电信号，然后进行进

一步处理，或存储或丢弃。这个过程使人类具有"感知"的能力，并支配其行为来适应周边的环境。

1. 情境与情境信息

情境是普适计算中的核心概念之一，情境感知应用和服务都需要使用情境信息，因此，应该首先明确情境的定义。

在基础信息领域内，情境描述了一组从一个特定的角度来看的概念实体。而在人工智能领域，情境是指将信息库划分为可管理的集或者逻辑结构从而支持相应的推理活动。凡是在用户和应用程序交互时，用户和应用所在环境中的任何实体信息都可以看作情境信息。

2. 情境信息的特点

（1）情境信息的异构性。情境信息可以来自各式各样的传感器或经过软件推理得到，这些情境信息会以不同的形式表示，并且即使是针对同一种情境信息，不同的采集者也会用不同的形式表达。

（2）情境信息的时效性。情境信息可以是某个时间点的特征，也可以描述成一段时间内的特征。有些信息在一段时间内表现为固定不变，而有些则会随时间变化。例如，在实时交互环境中，系统应该及时准确地捕捉到周围情境信息的变化，并针对这种变化采取不同的响应。

（3）情境信息间的关联性。不同种类的情境信息之间可能存在关联性，这种关系可能是正相关性的，也可能是"此消彼长"的负相关性。例如，光照强烈的地方必然温度会高一些。

（4）情境信息的不完备性。由传感设备或用户主动输入的情境信息可能存在冗余或者冲突的现象，或者数值不够精确。由推理器推导出的结果也可能存在模糊性，这些都属于情境信息不完备性的范畴。

3. 情境信息的分类

（1）依据层级进行分类。按照情境信息的层级可以将情境信息分为初级、中级和高级情境信息。初级情境信息是指经过原始传感器直接或间接得到相关特征的值，这类信息的表现形式是原始的数据，不利于人类的直接理解。中级情境信息是指原始数据经过处理转换成易于理解的形式，这种方式一般是简单的映射。高级情境信息是指将中级情境信息进一步抽象，使之具有人们易于理解的"语义层"含义。

（2）依据情境信息的获取方式分类。情境信息的获取方式主要有直接从硬件获取、从中间件获取和从情境信息服务器获取三种方式。直接从硬件获取一般是依靠部署在智能环境中的分布式传感器，或者智能终端本身集成的传感器将物理信号转换成电信号，再通过网络传回至接收端的方法，这种方法是在情境感知研究初期使用最多的方法。从中间件获取的方式可以避免让应用直接管理底层的传感器，取而代之的是由中间件系统管理各种底层设备，应用程序只需要和中间件系统进行交互就可以满足各种需求。情境信息服务器可以向分布式环境中的不同情境感知应用提供情境信息，这种方法不但可以实现传感器的复用，而且运行应用感知服务的客户端不需要有较强的计算资源。

（3）依据信息的有效时长。按照情境信息的有效时长可以细分为静态情境信息和动态情境信息。静态情境信息是情境信息长时间不变化，经过一次收集即可长时间有效的信息，如用户的出生年月日等。动态情境信息是指随时间变化明显或者实时变化的信息，还有用户在一次运动过程中，用户的坐标信息就需要连续不断地进行收集。

（二）情境感知的起源和发展

1. 情境感知的起源

情境感知技术源于普适计算的研究，最早由施利特于1994年提出。简单地说，情境感知就是通过传感器及其相关技术使计算机设备能够"感知"到当前的情境。众所周知，用户研究和用户体验设计的一个难点在于了解用户使用产品的情境和环境。现在流行的做法是通过实地研究去了解用户情境。这种做法最大的一个问题在于成本过高且样本量一般不大，如果要获取大样本的数据则会耗费大量资源。

情境感知计算的应用可以通过传感器获得关于用户所处环境的相关信息，从而进一步了解用户的行为动机等。特别是对移动互联网产品而言，手机的传感器技术对其用户研究具有重大意义。同时，情境感知技术对于用户体验设计一个更加重要的方向是所谓的"主动服务设计"，即计算机（特别是可移动计算机）可以通过情境感知，自适应地改变，特别在用户界面的改变，为用户提供推送式服务。例如，手机铃声根据自适应变更为会议模式或是户外模式等。

2. 情境感知的发展

情境感知早期的研究多集中在通过探测用户的位置将其应用到感知系统中，如使用胸章的位置定位系统，根据这些位置信息将呼入的电话转接到离用户最近的电话机上，这被认为是情境感知最早的应用之一，之后出现了很多基于用户位置信息的情境感知应用。例如，在旅游方面，应用情境感知技术的导游助手可以根据游客的位置进行景点推荐、路线导游；在购物方面，可以根据顾客的位置进行商品推荐；等等。

随着传感器技术的不断发展，传感器的种类更加丰富，获得的情境信息也随之丰富起来，情境感知处理的信息不再局限于用户的位置。家庭网络的建立，利用可穿戴的传感器，如心电图和皮肤温度传感器等，实时监测用户的身体信息，并将这些信息发送给服务器，由服务器上的应用软件进行实时监测，甚至根据专家系统及用户的历史信息进行诊断或推理。

情境感知被广泛应用于智能家居、普通办公、精准农业等。随着智能家居和可穿戴设备的广泛运用，未来的情境感知将在此基础上更加智能化，设备会主动与周边的世界进行交互，成为人们与周边世界互动的门户。通过分析用户所处环境、状态甚至情感等信息，运用眼动追踪、触觉反馈等技术看懂和识别身体语言或手势，并更有预见性地做出相应准备。情境感知已是各家公司争夺未来市场的重点，众多企业都提出了相关概念，有的已经推出市场，越来越多的公司加入这一领域，未来将是情境感知的时代。

（三）情境感知应用

1. 情境感知应用的概念

情境感知应用是指在人机交互过程中，使计算设备能感受到用户周边的情境信息，并进一步针对这种情境信息或情境信息的变化主动为用户提供可靠的服务，即应用系统将用户周边的情境信息也作为一种有效输入。

情境感知应用能对不同的情境信息做出不同的响应，而不必关心情境信息的来源。换句话说，情境感知应用并不一定具有感知情境信息的能力，但是一定具看处理情境信息的能力，因为情境感知应用所使用的有关应用程序和用户本身的情境信息可由独立的第三方提供。它可以降低用户使用应用程序完成任务的复杂度，使用户从何时何地该怎样完成哪些操作的程序中解放出来。

2. 情境感知应用系统

在情境感知应用出现之前，传统的计算机应用都无视用户周边的情境信息，或者对用户周边的情境信息做一个固定的假设，应用程序主要是使用用户确切的输入信息做进一步运算，或者通过用户主动触发享受设备的响应。

将情境信息融入应用系统中，可以开发出许多非常有价值的应用程序。这种应用不但可以深刻地改变人机交互方式，而且可以提高效率。随着对情境感知应用的深入研究，许多实用价值已经被开发出来。例如，基于游客当前位置的导游系统被认为是第一个情境感知应用系统。

3. 情境感知应用实践

（1）日程提醒。触发提醒服务的可以是地点或者其他事件。例如，当某人去图书馆时应提醒检查是否有该归还的图书。

（2）LBS（Location Based Service）。LBS 是通过电信移动运营商的无线电通信网络（如 GSM 网、CDMA 网）或外部定位方式（如 GPS）获取移动终端用户的位置信息（地理坐标或大地坐标），在 GIS 平台的支持下，为用户提供相应服务的一种增值业务。例如，可以帮助订到距离最近的出租车，或者定位距离最近的停车场等。

（3）自动电话铃声调整。自动电话铃声调整可以根据机主所在的环境自动调整铃声。例如，当感知到用户在开会时，手机铃声会自动关闭并开启手机震动模式等；而当机主在户外等嘈杂的环境中时，则会增大手机铃声。

（4）个性化内容推送。个性化内容推送是指可以根据用户的特点或者偏好，有针对性地提供建议、商品或者广告信息等。

二、情境感知应用服务技术

（一）情境获取

1. 当前的情境获取技术

移动设备的智能化普及和物联网的发展，使情境信息的获取愈发容易。

首先，移动设备和城市基础设施搭载了大量多种多样的传感器，可以采集十分丰富的数据信息；其次，移动设备的存储计算能力正在飞速增长，可以得到的信息数量和质量都有很大的进步；最后，无线网络的发展也十分迅猛，4G 的发展已然改变了人们的生活，用户可以随时利用网络获得各类信息，而不需要浪费大量时间。设备和网络的花销也在不断减少，面对如此便捷的数据环境，物联网、云计算、移动计算等技术也在快速发展，进一步提供了情境信息的生成。如今的数据，如同空气和水，大量存在于用户身边，等待人们去采集利用。

2. 情境获取的方式

情境的获取有直接、间接两种方式。直接情境可以通过显式或隐式得到；间接情境则要利用规则或算法，在直接情境的基础上推理获取。

（1）显式获取。显示获取是指通过直接设问、资料填写、系统设置等获取用户信息。这类情境比较固定，如籍贯、性别等。这种方法简单直接，获得的信息一般比较准确可靠，且实现容易；其缺点是对用户不友好，浪费了用户时间开销，且缺乏灵活性，只能获取预设的信息，并且太过依赖用户主动提供。另外，也有一部分用户不会接受透露自己的个人信息。

（2）隐式获取。系统主动收集信息，包括传感器、网络及用户操作行为和系统日志，以及设备信息、应用程序数据等。这种方法是系统主动获取的，不需要用户操作，相对比较方便，但是获取的信息因为硬件或应用差异，异构性较大，不方便处理，并且可能不一定能准确展现情境。另外，自动感知也会带来设备的负担，很可能使用户感到反感，从而停止使用应用。

（3）推理获取。推理获取是指利用直接情境或者历史情境，结合规则和算法推理或融合获取。例如，把 GPS 得到的坐标转化为用户所在商场信息；通过时间、地点、周围声音等判断用户是否正在休息等。该方法切实可靠，能推理出各种需要的情境，挖掘出大量信息。但实现过程需要知识、算法、规则等进行支撑，实现过程复杂，也给设备带来更多负担，同时还要面对实时性、准确性等问题。

3. 情境获取的发展

情境的获取也存在很多问题：一是数据源的格式存在各种各样的结构，不方便统一存储和管理，导致无法高效地采集和使用；二是数据传输时可能产生丢失、不一致等问题，致使可信度下降。这些问题的存在，需要设备统一数据接口的规范，或者使用屏蔽异构性的中间件。如何制定和推广统一化的标准以及如何验证数据可靠性，这是未来情境采集的发展重心，也是 5G 发展的需求。

（二）情境推理

1. 情境推理的必要性

直接采集的情境一般不足以表达用户目前所面临的状况，如何利用已知情境信息融合出准确的情境信息，以及利用算法规则智能推理出高层次的情境，是实现情境感知个性化服务的核心环节之一。在移动环境中，由于内存和网络资源有限，信息的整合和情境的推理体现得更加重要。

2. 情境推理流程

步骤 1：获取情境信息，进行建模，统一化表述。

步骤 2：管理情境信息，存入库中。

步骤 3：利用已有情境，根据应用场景，结合相应知识规则和算法进行情境推理。

步骤 4：对生成的新的情境信息，检测其正确性和一致性。

步骤 5：有冲突就进行处理；否则，把新的情境信息用于之后的匹配服务，再将其存入历史库中，作为下次推理的信息源。

（三）情境感知服务

情境感知中的信息服务和相关应用，是指为了特定场景和具体任务，针对目标用户而设计的个性化服务系统，主要包括显示情境信息服务、主动提供服务和记录情境，以及用于查询分析。情境感知应用服务应具备以下几个特性。

1. 自动性和隐匿性

传统获取方式需要用户主动提供，相对比较烦琐，浪费用户时间，并且获取的数据可能很长时间不会变化，这和移动环境中用户需求实时变化的情况相冲突。如今，系统可实时感知用户所处情境，获取用户的潜在需求，基于此进行推荐。这个过程是自动且隐匿的，无须用户主动参与。

2. 准确性和可靠性

不考虑情境因素一定会造成推荐的满意度低。因此，实现服务时，要利用情境信息，保证其准确性和可靠性。

3. 自适应性

在移动环境下，系统应能够实时捕捉情境变化，根据用户需求以及相应的规则，结合历史情境，自适应地调整推荐内容。

4．推测性

用户面对海量信息服务，可能并不完全明白或者不能够准确描述出真实需求，对此服务系统应该推测出用户的潜在需求，灵活地提供个性化服务。

第四节　超密集异构网络技术

一、超密集网络概述

（一）超密集网络

1．超密集网络的由来

移动通信网络从最初的第一代模拟蜂窝系统发展到第四代，小区半径一直在不断缩小，小区密度在不断增加。这种小区密集化机制已经为移动通信网络容量带来了1 000倍的增益。在5G系统的研究中，通过小区的进一步密集化，便可以形成超密集网络。

2．超密集网络发展的必要性

近年来，智能设备终端和用户连接数量大增，无线网络流量有着万倍增加。智能设备终端的大量普及、各种应用的高速发展，使移动互联网展现出一种爆发式的发展。而向着多种类业务发展的物联网，更是表现出多元化的发展趋势，其泛在化特征逐渐彰显。在数据流量需求日益增长及智能终端飞速普及的现状下，超密集网络的发展势在必行。

3．超密集网络的内容

移动通信网络在不断发展，小区密度也在不断增大。对小区进行更进一步的密集化，形成超密集网络可以得到数十倍网络容量的提升。事实上，现存的移动通信网络中，已经有大量的小型无线接入点，这些小区能够对商场、体育场所等用户密集的区域进行热点覆盖，与宏基站一起构成Het Net，带来大量、高速的移动数据接入。未来对类似高速数据接入的热点的需求将会越来越大，小区将呈现越来越高的致密性，目前的异构网络也将逐步演变为超密集的异构网络，即由基本的宏基站和密集化的小区共同构成异构网络。

（二）超密集网络面临的挑战

超密集网络通过部署更加密集的小基站，增加了频谱复用效率，但同时带来了一些新的问题。通过相关的调研分析可以得出，超密集网络主要面临以下几个方面的挑战。

1．用户归属

传统蜂窝网络中，基站覆盖范围较大，用户选取接收信号强度最大或者接收信噪比最大的基站进行接入。但在超密集网络中，基站覆盖区域较小，一个用户可能处于多个基站的覆盖范围内，因此，该用户受到来自多个基站的强烈干扰，如不进行合适的用户归属，就会造成严重的基站间干扰，影响系统性能。

2. 干扰协调

在超密集网络中，小基站间距离较近，小基站间的同频干扰是限制系统容量进一步提升的主要因素。传统蜂窝网及异构网中已有的干扰协调算法主要针对单一强干扰源而提出，但在超密集网络中，许多小基站均对用户有强烈的干扰，传统蜂窝网及异构网中已有的干扰协调方法不能很好地适用，这就需要在小基站超密集的情况下提出新的干扰协调算法。

3. 回传网络

回传网络是从基站到核心网的数据传递，在超密集网络中基站部署更加密集，因此，需要更加复杂的回传网络支持从基站到核心网的数据传递。根据介质种类进行划分，回传网络可以分为有线回传网络和无线回传网络两种。有线回传的传输介质主要有铜缆、光纤等。但由于有线回传链路需要部署专用电缆等基础设备，开销较大，所以需要采用灵活且费用较低的无线回传技术。

无线回传根据回传网络采用的频谱又可以分为带内自回传技术和带外无线回传技术两种。回传链路与接入链路使用相同频带的无线回传技术称为带内自回传；回传链路采用与无线通信接入链路不同的频带进行无线回传的技术称为带外无线回传，带外无线回传采用的频带主要包括微波频段和毫米波频段。不同的回传技术对网络性能具有不同的影响，带内自回传由于采用与接入链路相同的频谱资源，无须额外购买授权频段，具有较高的经济效益。但与此同时，由于其采用了与接入链路相同的频谱资源，减少了用户可利用的频谱，因此相比带外回传技术，带内回传用户性能会有一定的损失。

4. 系统功耗

系统功耗可分为基础功耗和通信功率损耗。其中，基础功耗为基站没有负载时仍然会产生的功耗，该部分功耗是系统功耗的主要部分。超密集网络中基站密度极大，如果不进行基站休眠，系统功耗将和基站数成正比，功耗变得十分严重。因此，需要针对超密集网络的特性研究新的基站休眠策略，在保证系统性能的基础上降低系统功耗。

5. 移动性管理

超密集网络基站密度极大，因此，基站覆盖范围很小。在用户移动时，更容易从一个基站的覆盖范围移动到另一个基站的覆盖范围内，如果不及时地进行有效的移动性管理，则将导致用户服务质量降低，甚至发生业务中断的情况，影响用户的体验。

除此之外，超密集网络场景下如何进行小区发现，以及如何提高网络的经济效益是超密集网络所面临的挑战。

二、超密集网络技术

(一) 多点协作传输技术

1. 多点协作传输技术的概念

多点协作传输技术 (Coordinated Multiple Points Transmission/Reception，COMP)，是指包含服务小区及其邻小区在内的多个小区站点的天线，通过协作的方式来接收和发射，从而改善用户和 eNodeB 的接收信号的质量，减小小区间的干扰，提高小区边缘用户的吞吐量和小区平均的吞吐量。

2. 多点协作传输技术的分类

(1) 在多个小区之间的协作动态调度/波束赋形 (CS/CB)。所有数据只能够在服务的小区内部传输，但是 COMP 协作集合中的点将共同做出 CS/CB 决策。参与操作的各 COMP 节点能够共享 CSI，用户数据只保存在服务该用户的 eNB。通过在各节点之间进行 CS/CB 来降低各节点覆盖重叠范围中的用户间干扰。可以说，这种方式应该属于干扰避免或者干扰协调，通过减少干扰的方法提升用户接收的信号质量，从而提升数据速率等网络性能。CS/CB 通过牺牲一部分频率选择性能作为代价，使不同小区的信号的发射方向错开，进而减小干扰，提高 sin R，CS/CB 对于小区中央和边缘的用户都能够适用。

(2) 多小区联合。联合处理 (Joint Processin g，JP) 是用户数据和 CSI 信息能够在各 COMP 的节点之间共享，在完成操作时，各节点依照规则向用户传输。联合传输 (Joint Transmission，JT) 是一个用户的数据同时在多个点（可以是 COMP 协作几何的一部分点或者全部点）上进行传输，从而改善接收的信号质量，或者消减对其他用户的干扰。动态小区选择/静默 (DCS/Muling) 是在某个时刻，COMP 协作点的集合中只存在一个节点对用户进行数据传输，其他节点不同时传输数据或是给其他用户传输数据。

总之，当通信系统的负荷较高（也就是干扰无法在资源块上错开）时，可以和小区间干扰协调技术一起使用。该技术主要用来增加边缘用户的吞吐量，而小区间干扰协调技术则主要使小区间的负荷均衡。

(二) 小区间干扰协调技术

小区间干扰协调技术 (Inter-Cell Interference Cancellation，ICIC) 是指通信节点在受到小区间干扰信号以后，通过接收端处理增益的方法消除干扰和进行干扰抑制的技术。通常，干扰消除技术只能消除一些较强的干扰，而在实际中的小区间干扰通常是很多小的干扰叠加产生的。另外，由于该技术使用条件要求十分严格并且计算的复杂度非常高，所以在实际应用过程中效果十分有限。现在常用的干扰消除方法有以下两种。

1. 基于多天线接收的空间干扰消除技术

这种技术通过两个小区到用户的空间信道存在差异从而对服务小区和干扰小区进行区

分，其不依靠额外的发射装置。理论上，配置双接收天线的用户能够分辨出两个不同的空间信道。这项技术是一项接收机端的实现技术，并不需要对发送端进行任何额外的工作，但是其只依靠空分的方式，不采用其他信号区分手段（如码分、频分等），很难取得让人满意的效果。这种技术又称为干扰抑制合并接收技术（Interference Rejection Combining，IRC）。

2. 基于干扰重构的干扰消除技术

这种技术是首先在接收端将干扰信号进行解调或者解码，其次对干扰信号进行重构，最后从接收信号中消减的处理方法。如果可以把干扰信号精准地消减掉，就能够达成消除干扰的目的。这是一种更加有效的干扰消除技术，目前来看，基于交织多址（Interleaved Division Multiple Access，IDMA）的干扰迭代重构消除技术在 LTE 系统中有较多研究。研究表明，这项技术可以使小区平均吞吐量有 5％ 的性能提升，而小区边缘用户的吞吐量也可得到 50％ 的增益。

（三）增强型小区间干扰协调技术

增强型小区间干扰协调（enhanced Inter Cell Interference Cancellation，eICIC）能够行之有效地解决异构网络中不同种类基站之间的干扰问题，进而显著提升吞化量和网络的整体效率。

引入增强型小区间干扰协调技术的目的是抑制异构网络中相邻小区之间的干扰问题，尤其是控制信道干扰，以便在满足网络覆盖之余，也满足业务 QOS 需要。增强型小区间干扰协调技术新加入了时域上的考量。在时域中，对于某些用户来说，相邻小区的信号是正交的，直接避免了干扰的问题。而相较于小区间干扰协调技术，增强型小区间干扰协调技术不仅仅只是针对业务信道干扰，还可以有效降低其在控制信道间的干扰。也就是说，增强型小区间干扰协调技术通过对时域、频域和功率控制，解决业务和控制信道中的小区干扰问题。

三、5G 超密集网络虚拟化

（一）5G 超密集典型场景

5G 超密集网络是基于场景驱动的，IMT-2020 归纳了六大典型的超密集网络场景，即密集住宅区、密集商务区、公寓、购物中心及交通枢纽、大型活动场馆、地铁。

1. 场景一：密集住宅区

该场景同时存在室外移动状态用户和室内静止状态用户，用户密度较高。该场景业务类型丰富多样，包括 FTP 业务、互动游戏、视频业务、上网浏览等。在超密集部署传输节点的情况下，系统的边缘效应会变得非常突出。如何有效解决边缘效应问题，让不同位置的终端有相同的、高质量的通信体验是这一场景需要重点解决的问题。

2．场景二：密集商务区

密集商务区以室内用户为主，且多为高端用户，以 FTP、视频业务、移动办公等业务为主。该场景通过部署低功率传输节点提供高容量的数据传输服务。超密集部署使每个传输节点的服务终端数降低，各个传输节点处于中、低负载状态，进而产生上、下行业务量的较大波动。为了在上下行链路业务波动时充分利用资源，该场景需要使用动态上下行资源分配技术。

3．场景三：公寓

公寓为室内低用户密度场景，用户以静止状态为主，包括高、中、低端用户，业务类型比较丰富，需要针对混合业务进行部署。该场景存在室内传输节点与室外基站间的干扰、室内传输节点之间的干扰；每个传输节点负载不均衡，需使用上下行链路动态资源分配技术。

4．场景四：购物中心及交通枢纽

该场景包括大型商场、城市综合体、机场、火车站等，室内用户高度密集，用户处于移动状态，业务类型丰富。在该场景中，低功率节点密集部署在室内，提供大容量的数据传输业务。为了实现室内广域覆盖，在低功率传输节点的基础上再部署高功率传输节点，形成多层室内异构网络。

5．场景五：大型活动场馆

该类场景包括体育场馆、音乐厅、会展中心等，用户密度在活动期间非常高，平时则非常低。该场景部署的低功率传输节点使用定向天线，无线信号的传播以直射为主。该场景业务以视频业务为主，且上行业务大于下行业务。该场景空旷区域较大，需要解决干扰问题、核心网信令压力和上行业务风暴问题。

6．场景六：地铁

该场景用户超高密度分布在车厢和站台，车厢用户处于高速移动状态，业务类型多种多样。该场景在车厢内密集部署低功率传输节点提供高速数据服务，也可以在地铁沿线部署泄露电缆，利用沿线的外部基站为车厢用户提供服务。

（二）5G 小区虚拟化

5G 小区虚拟化采用平滑的、以用户为中心的虚拟小区（Smooth Virtual Cell，SVC），用于解决超密集网络的移动性和干扰问题，为用户提供一致的服务体验。SVC 基于混合控制机制进行工作，用户周围的多个传输节点形成一个虚拟小区，其中一个节点被选为主控传输节点（Master TP，MTP），负责管理虚拟小区的工作过程，以及虚拟小区内其他节点的行为。

不同主控传输节点之间交互各自虚拟小区的信息，通过协商的方式实现虚拟小区之间的协作，解决冲突。虚拟小区内各个传输节点之间，以及相邻虚拟小区主控传输节点之间的距离比较近，因此，SVC 可以实现快速控制或协作。

1. 移动性

在 LTE R8 阶段引入硬切换技术，主要解决宏小区之间的移动性问题，但随着 5G 异构网络的引入和网络超密集程度的提高，硬切换技术越来越不适用于 5G 网络。在硬切换过程中，通常需要链路质量在一段时间内持续低于某个门限才能进行切换，在切换时链路质量已经恶化。由于 TCP 的慢启动特性，即便在切换完成后，TCP 层也需要较长时间才能恢复性能，最终用户的体验下降。在 5G 超密集网络中，终端数据速率较高，切换频繁，如果采取硬切换，问题会变得更严重，SVC 技术能够支持灵活、快速的服务节点选择，使用户的链路质量变得更加平稳，保证了用户体验的一致性。

使用 SVC 技术，传输节点在加入虚拟小区之前已经完成了资源预留，在需要转换服务节点时，不会发生虚拟小区内的传输节点拒绝成为服务节点的情况，终端链路质量可以保持在平稳状态，降低了无线链路失败的概率。另外，使用 SVC 技术使传输节点在加入虚拟化小区时就已完成了上行定时测量，并不断进行更新，当 MTP 决定转换服务节点时，可以直接将上行定时信息发送给终端，避免数据传输的中断。

2. 干扰问题

由于干扰和业务的突发性，不论用户处于移动还是静止状态，用户体验都有可能随着时间的变化而变化。小区专有参考信号是超密集网络的主要干扰源之一，极大地限制了超密集网络的增益。SVC 技术利用 SOTA 实现虚拟小区之间的分布式协作和虚拟小区内的集中控制，根据用户的业务状态和干扰环境，动态打开或关闭传输节点，通过这种方式发送参考信号有效地解决了小区专有信号干扰问题。除此之外，突发数据产生的干扰也会导致信道质量的变化，对用户体验产生影响。虚拟化小区间的快速协作，可以有效控制信噪比的波动范围，实现一致的用户体验。

第七章　5G 承载网规划与建设

第一节　基于 SPN 的 5G 承载网规划与建设

一、对基础资源的要求

5G 初期，对传送网基础资源的需求并不多。但核心网用户面随着业务需求将会逐步下沉，CU、DU、AAU 分离后的部署位置变化对机房、管道等基础资源提出了新的要求，为确保 5G 网络建设，须提前做好基础资源规划和建设。

（一）汇聚机房

5G 网络对重要汇聚机房、普通汇聚机房和业务汇聚机房的空间和动力配套提出了更高的要求，因此，应在 5G 正式商用前提前储备汇聚机房资源。

根据测算，建议预留给传输的汇聚机房面积如下。重要汇聚机房不少于 100 m^2，普通汇聚机房不少于 60 m^2，业务汇聚机房不少于 40 m^2。对于业务密集区重要汇聚机房可提升至 200 m^2，普通汇聚机房不少于 100 m^2。

（二）管道

5G 前传须新建大量光缆，相应地，须占用大量管孔资源，应遵循"开源节流"的原则，加快管孔资源的储备。

（三）综合业务接入区和微网格

5G 前传需要建设大量光缆，应统筹规划无线基站和综合业务接入区，确保末端接入的唯一性和有序性。建设网络时，应关注以下几点。

（1）DU 应选择部署在资源丰富的机房，具有丰富的管道、光缆、电源、机房位置等资源，确保满足中远期的装机需求和前传需求。

（2）AAU 归属 DU 时，以纳入综合业务接入区为依托，按照微网格统一规划，可在一个或多个合并的微网格内进行归属，确保末端接入的唯一性。

二、规划建设的策略与原则

（一）规划建设策略

5G 初期的技术和部署方案存在诸多不确定性，网络建设应兼顾投资效益和网络长远发展，应按照"目标统一、效益优先、有序推进、简洁高效、注重协同"的策略，以目标架构为基础，分阶段、分场景逐步进行建设。

"目标统一"是指依据 5G 规模商用进程，以传送网能力适度超前于 5G 业务增长为总体目标，明确面向 5G 的传送网发展路径，并按需提前落实传送网的扩容、升级和演进，满足 5G 规模商用覆盖区域内的业务需求。

"效益优先"是指坚持提高传送网投资效益，始终将传送网整体利用率保持在合理水平，避免需求和容量的失配，加强 5G 业务流量增长预测的准确性和及时性，不同区域可灵活采取差异化的建设方案。

"有序推进"是指避免在 5G 商用初期盲目进行大规模全面建网，而是应该有步骤、有重点地推进建设。在 5G 重点覆盖且预测业务流量大的区域优先选择大容量、整体升级或新建方案，并优先引入新技术以提高承载性能。在非 5G 重点覆盖或预测业务流量较小的区域优先选择低成本、分步扩容升级的建网方案。

"简洁高效"是指为了降低 5G 承载的整体成本，应遵循组网层次从简、系统设备从简、配置操作从简的要求，通过加强归并统一，对外呈现更加简洁的组网形态、设备类型、接口格式和业务模型，同时加载自动化软件功能以简化日常人工操作。

"注重协同"是指 5G 传送已初步呈现出跨层次融合、灵活连接调度、管理面和控制面并存、综合承载等新的特性，相应要求做好 5G 传送与无线网的协同、存量业务与 5G 新业务的协同、网元管理与控制的协同等。

（二）规划建设原则

（1）充分利用现有资源，以终为始，整体规划 5G 承载方案；分步建设，按需适度超前进行网络建设。

（2）5G 用户面流量由传送网承载，5G 控制面流量在城域网内由传送网承载，跨地市和跨省流量由 IP 专网承载。

（3）综合考虑建设期、网络能力、设备现状、业务需求等因素，合理选择 PTN 扩容、PTN 升级和新建 SPN 建设方案。

（4）在扩容方案中，接入层宜采用 10 GE/50 GE 组建系统；在新建或升级方案中，接入层宜采用 10 GE（未来可升级为 50 GE）/50 GE（未来可升级为 100 GE）组建系统。接入层原则上以环网结构为主，在地理条件和光缆建设确有困难的情况下可少量采用链形结构；对于不具备后备电源条件的基站，不宜纳入环网结构，以保证网络的安全性。

（5）汇聚层和核心层宜采用 100 GE/200 GE/7VX 100 GE（100 GE 捆绑）组建系统，原则上采用环形或口字形组网；对于县-乡光纤资源紧缺段落，若已有 OTN 系统可用，应采用 OTN 承载以延长汇聚层系统的传输距离；若无 OTN 系统可用，可考虑新建 SPN 并配置彩光线路接口，且不再重复新建 OTN 系统。

（6）省内骨干宜采用 1000 GE/N×100 GE（100 GE 捆绑）组建系统，原则上采用口字形组网，并采用波分传输系统承载。

（7）对于新建网络，如需要与已有 PTN 系统进行互通时，可在核心节点或重要汇聚节点（PTN L3 以上）互通；在选择互通节点时，须测算时延和折返带宽。

（8）新建 2.6G 双模站，建议采用统一方式同时承载 4G 和 5G 基站。

（9）新增 4G 物理站，建议采用与 5G 基站相同的方式承载；新增小颗粒集客和家宽业务（原来采用 PTN 承载），建议采用与 5G 相同的承载网络。

新建以 SPN 设备为主，根据实际情况选择 SPN 接入现有 PTN 网络或 SPN 网络。接入相应网络后，按照该网络的业务配置原则进行业务配置。

三、建设方案

（一）网络结构
根据 5G 核心网部署位置的不同，5G 承载网可能包括城域网、省干、省际多个层次。

（二）各功能部分的基本要求

（1）5G 业务转发。采用分层组网和统一转发平面，分层包括省际骨干、省内骨干、城域核心、城域汇聚和城域接入。

（2）协同管控能力。采用基于 SDN 架构的网元管理和集中控制合一方式，提供业务和网络资源的灵活配置功能，实现不同域的多层网络统一管理。通过统一的北向接口实现多层多域的协同控制和跨域切片协同服务，具备一定的自动配置功能，提供业务和网络的基本性能监测分析手段（包括流量监控、时延监测、告警关联分析等）。

（3）切片服务。在一张承载网络中通过网络资源的软、硬管道隔离技术，为不同服务质量需求的客户业务提供所需网络资源的连接服务和性能保障，为不同的 5G 业务应用提供差异化的网络切片服务能力，其中，主要为 eMBB 分片提供大吞吐量的转发服务，为 uRLLC 分片提供端到端低时延的通道服务，为 mMTC 提供海量并发连接的接入服务。

（4）时间同步。更高精度业务同步须在时间服务器、同步链路组织、承载系统传递 3 个方面进行优化，包括提高时间源精度、局部区域下沉部署时间源至汇聚节点以减少传递跳数、逐步引入单纤双向端口或更高精度时间戳、优化同步链路规划和检测等方式。业务设备上单独设置 GE 时间同步环，采用 GE 单纤双向模块，与业务隔离。

（三）5G 回传建设方案

1. 总体定设方案
面向 5G 传送网规划建设的目标网络是构建一张覆盖完善、功能全面、性能优良，能够满足 5G 各类业务需求的 SPN 网络。近期面向 5G 的传输建设方案总体上可分为 3 种：PTN 扩容、PTN 升级、新建 SPN，分别适用于不同的业务需求、建网阶段、网络现状和资源条件等。

PTN扩容。PTN扩容是指在现有PTN系统的基础上，以满足5G建网初期少量站点开通和仅承载eMBB业务为主要目标，按需提升系统容量、新增站点、优化组网结构，但不引入FlexE、SR、组网层面IPv6等关键的新特性，仍采用L2＋静态L3 VPN方式承载新增5G业务的传输建设方案。在PTN扩容建设过程中，除了5G新增站址配套之外，主要利用存量PTN设备的机架、槽位、端口资源，以扩容板件并充分利用现有PTN环路容量为主，部分现网容量紧张区域可共机架新增环路用于承载5G。

PTN升级。PTN升级是指在现有PTN系统的基础上，以满足5G中等规模建网和局部连续覆盖及各类5G业务承载为目标，设备支持逐步引入FlexE、SR、IPv6等关键的新特性，采用L2＋动态L3或L3到边缘的方式来承载5G业务的建设方案。PTN升级建设方案的发展目标是最终实现SPN系统的完整功能，并能与新建SPN区域直接融合组网。升级方案须经现网充分验证后才可使用。

新建SPN。新建SPN是指以满足5G大规模连续覆盖和各类业务需求为目标，根据技术成熟度分步或一次性引入FlexE、SR、IPv6等关键新特性，在部分区域或全网新建SPN系统并具备端到端独立组网能力的建设方案。

2. 网格组织

（1）PTN扩容：在满足以上扩容条件下，PTN扩容有以下几种方案

① 利旧已有PTN网络。子架和线路口利旧，扩容支路口。对于接入层为10 GE、汇聚/核心层为40 GE/100 GE以上速率接口的区域，如现网PTN容量充足，可直接在现有PTN系统中扩容10 GE支路口接入5G基站。

② 改造已有PTN网络。子架和线路口利旧，扩容支路口，接入层拓扑改造。对于接入层为10 GE、汇聚/核心层为40 GE/100 GE以上速率接口的区域，如存在对接入的基站容量有较高需求、原有接入层10 GE环路无法满足要求的情况，可采用大环改小环的方式提升接入容量。

③ 扩容已有PTN网络。子架利旧，扩容线路口和支路口。对于现网PTN容量不足，但现网PTN设备具备扩容条件的区域，可将接入环按需扩容为50 GE/100 GE，汇聚环按需扩容到100 G/200 G环，满足密集区域5G基站承载的要求。

（2）PTN升级：采用以下方案

汇聚/核心层：子架利旧，通过软件升级支持5G承载新特性，根据5G业务流量情况按需升级线路口。

接入层：根据现网条件，可采用如下几种升级方式。

① 对于可软件升级支持5G承载新特性的系统，进行软件升级，按需扩容线路口，新增支路口接入5G基站。

② 对于可硬件升级支持 5G 承载新特性的系统，进行硬件升级替换，按需扩容线路口，新增支路口接入 5G 基站。

③ 对于不满足升级条件（槽位不足、软硬件能力不具备）的系统，采用新系统替换原有系统的方法。

（3）新建 SPN：建设方案包括以下两种

方案一：新建 SPN 系统承载 5G 基站，原有 4G 基站和新增 4G 基站均承载在 PTN 系统。该方式适合 5G 建设期，采用 PTN 平面承载新增 4G 基站有利于保持 4G 业务的连续性和稳定性。

方案二：新建 SPN 系统承载 5G 基站和新增 4G 基站，原有 4G 基站在 PTN 系统承载。该方式适合 5G 发展期，采用 SPN 平面承载新增 4G 基站有利于提供更大容量的传输能力。

在这两种方案中，新增的 SPN 系统均需要与现有 PTN 系统互通，以实现 4G 和 5G 业务的协同组网。

3．分层分域组

对于新建 SPN 或 PTN 升级方案，可选择"L3 到接入"和"L2＋L3"两种业务部署方式。"L3 到接入"可应用于新建 SPN 和 PTN 升级两种场景，"L2＋L3"仅用于 PTN 升级场景。它们的分层分域组织方式如下。

（1）"L3 到接入"方案

"L3 到接入"是指在 5G 传送网中接入层、汇聚层、核心层均采用 SR 隧道和集中控制动态 L3 VPN，端到端部署 IGP 协议。存在骨干汇聚分层和接入汇聚分层两种分域组织方式，应根据自身的资源条件（光缆组网规范性、维护能力、设备能力）进行具体的方案选择。

（2）"L2＋L3"方案

"L2＋L3"是指在 5G 传送网中核心层或汇聚层按需部署集中控制动态 L3 VPN 并部署 IGP 协议。在"L2＋L3"方案中，需要设置 L2/L3 桥接节点，桥接节点设置方式可选择骨干汇聚和接入汇聚，应根据自身的资源条件（光缆组网规范性、维护能力、设备能力）进行具体的方案选择。

（四）网管

原则上，网管系统应具备大容量网络设备管理能力，每个省、同一设备厂家应采用一套网管系统。一套网管系统可管理多个地市的网络设备。

对于 PTN 扩容方案，可直接利旧现有网管系统；对于 PTN 升级方案，须对已有网管系统进行升级，升级后的网管系统应具备管控一体化能力；对于新建 SPN 方案，应分省、分厂家新建 SPN 网管，新建的 SPN 网管应采用管控一体化 OMC 网管。

管控一体化网管全省集中设置时，考虑控制面对实时性、可靠性的要求更高，应分配省网管中心至各地市的专用直达网管通道，带宽不低于 GE；5G 传送网系统的管理通道和业务通道应独立设置。

第二节　基于 IP RAN 升级的 5G 承载网规划

一、IP RAN 设备升级规划

（一）IP RAN 升级演进策略与架构

IP RAN 是现网中应用广泛的移动承载网。中国电信从 2009 年开始试点部署 IP RAN，并于 2011 年后进行了规模试商用，IP RAN 大规模组网的能力在现网得到了验证。建设过程中的 IP RAN 网络用于承载基站传输业务，建设后的 IP RAN 承载网能够取代多种不同技术的网络，实现业务的统一承载，提高网络利用率及运行维护效率。

5G 承载网应遵循与政企业务、无线 3G/4G 业务综合承载的原则，与接入光缆建设统筹考虑，将光缆网作为固网和移动网业务的统一物理承载网络，在机房等基础设施及承载设备等方面尽量实现资源共享。因此，在现有 IP RAN 网络做升级演进，有利于实现低成本、快速部署，形成差异化的竞争优势。

对于 5G 回传，初期业务量较小，IP RAN 承载网可持总体网络结构不变，优先通过设备升级替换手段扩大网络容量。

（二）业务需求分析及计算模型

综合考虑本地光缆网结构和现网基站的部署方式，IP RAN 接入层链路情况预测分为两种情况：5G 初期和 5G 中期，在 D-RAN 模式下，可采用 10 GE 组环，所带基站数不大于 10；中后期高流量区域可按需升级到 50 GE 环；在 C-RAN 模式下，可采用 10 GE/50 GE 组环，10 GE 环上所带基站数不大于 20，50 GE 环上所带基站数不大于 50。

（三）承载网规划原则

根据 5G 建设目标网络规模制定承载网的网络架构。承载网汇聚层及核心层按目标网架构进行组网，分阶段按需建设；接入层结合无线网建设计划分阶段进行建设，输出各阶段建设规模。

1. 接入层规划原则

（1）A 设备原则上与无线 BBU 同机房部署，规划期内 BBU 与 A 设备之间采用 10GE 光口对接。

（2）A 设备应充分利用现网资源，尽量避免同址多台 A 设备的堆叠；同时结合光缆情况选用 10 GE 或 50 GE 环组网；C-RAN 模式新增 A 设备类型采用 A2 设备，D-RAN 模式可以采用新的 A1 或 A2 设备。在 D-RAN 模式下，环上所带 5G 基站不超过 10 个；在 C-RAN 模式下，10 GE 环上所带 5G 基站不超过 20 个，50 GE 环上所带基站不超过 50 个。

2．汇聚层规划原则

（1）B 设备成对进行组网，原则上设置在核心机房内。

（2）应尽量避免同址多对 B 设备的堆叠，对于新增 B 设备的前提是要求不增加站点内 B 设备的数量，因此，需要先对原有 B 设备进行替换割接，特别是原有已存在 B 设备堆叠问题的站点。

（3）一般情况下，B 设备上行链路均按流量峰值利用率来衡量是否需要扩容。利用率达到 60% 或以上时，每对 B 设备扩容 1 条 10 GE 链路；成对 B 设备流量峰值超过 50 GE 时，上行改用 100 GE 链路。

（4）新增 B 设备须预留 100 GE 板卡槽位。

（5）鉴于原有 B1 设备接入能力较低，业务槽位少，扩容受限，难以满足 5G 业务承载；同时，IP RAN 骨干网的路由规模过大，需要减少 B 设备网元数量，提升网络稳定性。

对于存在 B 设备堆叠问题的情况需要进行整改，整改措施如下。

（1）如果有新增 B 设备需求的站点须先替换旧的 B 设备，替换 B 设备与新增 B 设备比例至少为 2：1。

（2）B 设备采用 8 槽或 16 槽大容量设备，尽量控制机房内 B 设备的数量。

（3）B 设备替换割接集成服务。

3．检心层规划原则

（1）汇聚 ER 一般设置在县城机楼、大型城市的部分区域核心机楼，以减少多对 B 设备对长距离光缆/波分资源的占用；可参考城域网 MSE 网络扁平化部署策略，结合地市光缆和波分资源情况，对区域内汇聚 ER 设置的必要性进行分析。

（2）汇聚 ER 设备建设原则上应按需扩容，如果需要新增汇聚 ER 节点，至少按 1：2 的比例对现有设备进行替换。

（3）汇聚 ER 设备上行参考 B 设备上行链路带宽原则，考虑上行链路数量和带宽。

（4）城域 ER/省级 ER 上行一般采用 100 GE 或×100 GE 链路。

（5）城域 ER 根据需求进行板卡扩容或设备升级（单槽能力从 100 G 升级到 200 G），后续可根据业务发展适时进行升级替换。

（四）规划方案初步分析

1．接入层 A 设备

（1）以 BBU 机房为单位，按现状分析原则，统计可利旧 A 设备的数量，计算现有 A

设备理论上可接入的 5G BBU 的数量。

（2）确定每个 BBU 机房 A 设备上行 B 设备机房局向。

2. 汇聚层 B 设备

（1）结合 B 设备站点部署原则及现状分析，圈定 B 设备站点候选清单。

（2）结合本地网光缆的情况，确定 B 设备站点覆盖的 BBU 机房范围，最终确定 B 设备站点清单。

（3）以 B 设备机房为单位，结合现状分析结果，统计现网 B 设备的数量以及可利旧 B 设备的数量，计算可利旧的 B 设备理论上可提供的 10 GE 端口数。

（4）结合现状分析情况，确定各机房需要新建的 B 设备的上行局向，选用直连城域 ER 节点或汇聚 ER 节点。

3. 汇聚层 ER 设备

（1）根据汇聚 ER 节点的部署原则，确定是否需要保留、修改现有汇聚 ER 节点的部署。

（2）以汇聚 ER 节点为单位，结合现状分析结果，统计现网汇聚 ER 设备的数量，计算理论上可提供的 10 GE 端口数。

二、配套光缆规划

（一）规划思路

5G 配套光缆网应遵循固移融合、综合承载的原则，与光纤宽带网络的建设统筹考虑，并在机房、管道、光纤等基础设施及传输设备、承载设备等方面尽量实现资源共享。固移融合楼盘引入的光缆芯数须考虑 5G 站点的需求，须在合适位置设置一般/无源接入点，引入光缆从一般/无源接入点引出到各楼层。

（1）按综合业务接入区的建设原则，以满足基站前传、中传、回传及传输组网需求为基础，结合 FTTH 及政企专线接入需求，统一规划建设接入光缆网。

（2）在现有配线光交覆盖范围的基础上，结合新增基站及固网用户分布，考虑覆盖范围的合理性，确定是否需要对覆盖范围进行调整。

（3）根据配线光交覆盖范围内基站、FTTH 及政企用户的数量，预测区域内纤芯的需求。

（4）室外基站引入光缆原则上优先接入配线光交，不宜直接接入主干光交或光分箱。

（5）商业楼宇光缆建设应综合 FTTO、政企专线和无线室分的需求。室分光缆应从楼内光分箱引出，不应直接接入配线光交。

（6）光缆网络建设应考虑基站业务承载双路由需求。

(7) 机房间光缆按需新/扩建。

(二) 配置原则

1. 新建引入光缆配置原则

新建引入光缆不应小于24芯。

2. 配线光缆配置原则

将核心接入点与一般/无源接入点之间的光缆归为配线光缆，纳入配线层进行规划:

(1) 一般/无源接入点到所属的OLT所在的核心接入点光路不超过4路;

(2) 配线光交的上行空闲纤芯应不少于规划引接基站数×6×1.5×110%或现有基站数×3×6×1.5×110%;

(3) 新建配线光缆不应小于48芯。

3. 主干光观配置原则

将机楼与核心接入点之间的光缆归为主干光缆，纳入主干层进行规划。

(1) 主干光缆优先考虑环形组网结构，每4～5个主干节点组一个288芯光缆环。

(2) 已有主干光缆接入的主干节点，可以参照以上原则的芯纤配置，满足传输专业的需求，按需扩建。

(三) 建设方案

对区域内所有综合业务接入区的光缆和配套资源等现状进行梳理，并根据综合业务局站、核心接入点新的定义和业务发展需求，提出无线配套光缆的调整计划和新增需求。

1. 综合业务局让

设置有OLT/BBU/CU/DU大集中点，IP RAN、接入传输设备的机楼，每个综合业务接入区原则上设置1个综合业务局站。

2. 核心接入点

安装有OLT、BBU、IPRAN这3种有源设备中的任意一种接入网机房，核心接入点是全光接入网承载业务的核心，无线及专线等业务的综合接入将依托于核心接入点。

3. 一般接入点

安装有其余有源设备的接入网机房，如DSLAM、AG或FTTB等。如因新增业务需求，新建OLT、BBU和IP RAN设备，则将一般接入点升级为核心接入点;如随着用户升光转网，机房中的传输(MSTP)、语音(AG/FTTB窄带)、宽带(DSLAM/FTTB宽带)设备将逐步缩容和退网，一般接入点降级为无源接入点。

4. 无源接入点

无源接入点位于接入网最底层的光交设施或接入点，形态为ODF、室外光交箱或OCC等，实现光缆纤芯的收敛和业务的汇聚。一般无源接入点的覆盖半径为300～500 m，用户稀疏区域可适当延长到 1 km，为所覆盖区域网内所有用户和业务提供业务汇聚和接入。

对重新梳理后的综合业务接入区，根据规划原则进行资源的优化和补充：主城区在于主干光缆的优化和补充；郊区重点在于核心接入点和无源接入点的补点以及配线光缆的补充。

接入光缆网组网主要以三层结构为主，业务密集区域也可采用二层结构，无论二层还是三层组网结构，主干光缆一般采用 144 芯光缆或 288 芯光缆，原则上采用环形结构；主干光节点一般设在接入网机房，以室内 ODF 为主，不具备设置室内 ODF 条件的区域，也可以采用室外 288 芯光交接箱。三层组网结构下的配线层，配线光缆一般采用 48 芯光缆，并采用链状结构，配线光节点多采用 96 芯挂墙式光交接箱；三层组网结构下的引入层光缆一般采用 12 芯及以下光缆，接入到用户侧；而二层组网结构下的配线层光缆，通常采用 48 芯光缆，以树状结构接入多个用户，或者采用 12 芯及以下光缆，以链装结构接入一个用户。

第三节　基于 SDN 的固移融合承载规划设计

一、5G 时代融合承载需求

由于大视频、云应用和新型社交应用的影响，国内移动宽带用户数增长迅猛，截至 2018 年 6 月底达到 13.4 亿户，同比增长 14.5%，上半年净增 7188 万户。在降费政策的促进下，2018 年 10 月，当月户均使用移动互联网流量为 5.66 GB，比 2017 年同期增长 151%，流量消费潜力保持高速释放态势。未来，随着 5G 网络的大范围部署，流量消费将会进一步增加。

另外，固定宽带用户增长也很快，截至 2018 年 6 月底达到 3.78 亿户，上半年净增 2974 万户。在提速政策的促进下，国内宽带用户持续向高速率迁移，到 2018 年 10 月底，100 Mbit/s 及以上固定互联网宽带接入用户总数达到 2.43 亿，占总用户数的 61.4%，户均流量增长都在 30% 以上。

移动接入与固定接入的迅速发展都是顺应了以用户为中心的服务理念。用户的需求千变万化，多种接入方式的发展使用户可以跨越时间、空间和接入方式的限制使用多种多样的电信业务，不可能用一种技术包办全部，移动和固定接入技术应该并存。然而，目前，4G 与固网业务采用独立的网络进行控制和承载，结构复杂，效率较低。

4G 与移动业务和固网业务相互独立，采用两张网络进行承载和控制。5G 时代，云化网络架构、网络功能虚拟化、业务功能的深度融合，给固移融合带来了新的机遇和挑战。在5G时代流量全业务运营环境下，如果能找到一种合适的新方案真正实现固移网络融合，将有利于运营商整合统筹现有固网资源和移动网络资源，发挥协同效应，扩大网络覆盖范围，提高网络利用率，同时可节约网络建设和运营成本，实现固网和移动业务有效益的规模化发展。

云网融合是连接各种移动、固定终端和各种应用云的通道。SDN和NFV是网络云化的关键技术，通过引入SDN/NFV技术，承载网络的控制平面可实现网络控制功能集中、网元功能虚拟化、软件化、可重构，支持网络能力开放。转发平面可实现剥离控制功能，其转发功能靠近基站，支持业务能力与转发能力融合。以适当的方式应对各种甚至相互冲突的服务要求，而不是要求为每个特定服务部署单独的专用网络。

针对5G与固网综合承载的问题，我们提出了一种基于SDN的参考架构及规划与设计方案，可适用于我国基于SDN的5G与固网综合承载网络的规划和建设，同时，也适用于相关网络设备的研制和开发。

本书提出的基于SDN技术的5G与固网融合承载网络，是基于SDN技术实现转发面及控制面解耦的固定宽带、移动数据多业务汇聚接入的网络系统。系统通过采用网络扁平化技术构建出一个具备高性能、低时延、高带宽的基于SDN技术的5G与固网融合承载网络的架构，采用移动、固网分别接入，汇聚层采用移动、固网业务共同承载，核心控制面分别控制的精简网络架构，节约了网络投资成本，并可提高网络运营效率，让消费者享有更优质、更丰富的数据宽带网络体验。

二、SDN概述

软件定义网络（SDN）作为5G承载的关键技术之一，可概括为"网络集中控制、设备转发/控制分离、网络开放可编程"。软件定义网络采用业务应用层、网络控制层和设备转发层的三层架构，提升5G网络资源利用率、业务快速布放、业务灵活调度以及网络开放可编程能力。

此外，SDN控制器作为网络智能运营系统具备如下发展趋势。

（一）端到端管理能力

借助SDN技术，使网络具备从网元、网络、业务垂直管理模式向网络、业务部署再到反馈评估的闭环管理模式转变。运营系统通过业务创建、网络监测、故障分析、性能评估、网络切换及恢复，形成一套闭环流程，提升业务部署效率以及网络健壮性。

（二）有动运维及分析能力

为了应对动态变化的服务，智能运营系统必须完成自动化管理的转型，实现对网络功能、应用和业务的敏捷管理。该能力基于 5G 网络大数据分析自动形成相关管理、运维策略。

（三）开放型运营能力

智能运营的另外一个重要原则就是突破不同厂商的技术壁垒，构建一个对外开放、统一管控的平台。通过软件功能架构的开源开放和运营商网络能力向第三方的开放，可加速新技术的成熟和商用，并提供良好的创新空间。

SDN 提出了网络控制与转发分离、软件与硬件解耦等原则，进而在产业界出现了如 OpenFlow、OpenContrail 和 ACI 各式各样的 SDN 架构。SDN 作为一种崭新的技术思想，提供了传统网络中很多棘手难题的解决方法，迅速成为当前的热门议题之一。

ONF 提出的 SDN 的典型架构分为三层＋南北向接口。三层通常包含应用层、控制层、基础设施层；南北向接口分为应用层与控制层之间的北向接口，控制层与基础设施层之间的南向接口。

（1）应用层。应用层主要对应的是网络功能应用，通过北向接口与控制层通信，实现对网络数据平面设备的配置、管理和控制。该层也可能包括一些服务，如负载均衡、安全、网络监控等，这些服务都是通过应用程序来实现的。该层的应用和服务往往通过 SDN 控制器实现自动化。

（2）北向接口。在 SDN 的理念中，人们希望控制器可能控制最终的应用程序，只有这样才能针对应用的使用合理调度网络、服务器、存储等资源，以适应应用的变化。北向接口将数据平面资源和状态信息抽象成统一的开放编程接口。

（3）控制层。控制层中存在 SDN 控制器，SDN 控制器又被称为 SDN 大脑。

（4）南向接口。南向接口是负责控制器与基础设施层通信的接口。在 SDN 中，人们希望南向接口标准化，只有这样才能实现完全控制与转发分离。

（5）基础设施层。基础设施层主要是网络设备，主要为上层提供数据转发能力。在 SDN 中，控制器向网络设备发送指令（或流表），网络设备根据接收到的指令转发用户数据报文。

三、固移融合承载网络整体规划

（一）融合承载网络规划原则

融合承载网络规划与建设的基本原则如下。

1. 可扩展性原则

考虑到用户数量和宽带业务种类发展的不确定性，根据网络可扩展性原则，基于 SDN 的 5G 与固网融合承载网络可基于 SDN/NFV 技术，将网络建设成为组网灵活、易扩展的弹性网络，随着业务及网络的需求变化，留有充分的网络扩展余地。

2. 可兼并性原则

基于技术先进性和成熟性原则，网络内可实现多种传输技术（IP/SDH/WDM）并存，可同时完成对移动数据业务及固网宽带业务多种现有技术及后续新生技术的升级。

3. 可开放性原则

基于 SDN 的 5G 与固网融合承载网络技术，应该符合通用标准，避免出现私有标准或内部协议，确保网络的开放性及互联互通，满足信息准确、安全、可靠地交换传送的需要。所选择的网络设备应有开放的接口，良好的维护、测量和管理手段，提供网络统一实时监控遥测、遥控的信息处理功能，实现网络设备的统一管理。

4. 可运营性原则

基于 SDN 的 5G 与固网融合承载网络，需要向大量用户提供不同的业务类型：固定宽带业务、移动数据业务。网络应提供良好的业务管理能力，支持对宽带用户的接入管理、身份认证、地址管理、计费管理及 QOS 保障等，确保网络的可运营性。

5. 可管理性原则

根据 IP 网络的分层网络架构的特点，基于 SDN 的 5G 与固网融合承载网络可通过 SDN/NFV 技术实现对承载业务的转控分离，用于管理的城域网业务编排器，通过 API 实现对 SDN 控制器及转发设备的协调，可实现统一的网络业务调度和管理，降低网络运营成本。

6. 可增值性原则

基于 SDN 的 5G 与固网融合承载网络考虑到企业发展及竞争的需要，网络建设应充分考虑业务的扩展能力，针对不同的用户需求可提供丰富的宽带增值业务，使网络可持续盈利。

7. 安全可靠性原则

基于 SDN 的 5G 与固网融合承载网络应充分考虑整个网络的稳定性，支持网络节点保护和线路保护，提供网络安全防范措施。

（二）融合承载网络参考体系

（1）WEB UI/服务开通系统/资源系统/综合网管。API 北向接口向第三方应用开放 API，用于业务受理和第三方应用，利用综合网管获取网络（如网络拓扑）和业务的信息，提供针对网络的诊断、故障定界定位、性能监控等应用，以及未来创新的应用。

（2）城域网业务编排器。城域网业务编排器通过北向 API 实现与服务层次系统（WEB UK OSS/BSS 等）的通信，通过南向 API 实现与 5G 和固网融合承载网控制面的通信。充当 5G 与固网融合承载网控制面的上层，支持对城域网内资源的动态实时搜集及资源的自动分配。同时，支持业务统一配置下发、业务分级 QOS 保障、流量调优、支撑业务组合与开发。

（3）5G 与固网融合承载网控制面。5G 与固网融合承载网控制面包括多业务汇聚网关控制面 MSG-C、移网控制面设备 S/PGW-C/CPF 及 SDN 控制器等。控制面设备为逻辑上的管理实体，通过南向接口向转发层网络设备下发控制信息，通过北向接口向上层城域网业务编排器开放底层网络资源和能力。该层控制器是一个软件系统，可以内置在网络设备中，也可以部署在一个独立的服务器中。5G 与固网融合承载网络的控制面系统，负责对承载网络进行集中控制。南向接口主要负责业务级的控制平面定义，完成网络拓扑的发现、业务配置下发、业务 PW/LSP 路径的计算及表项的下发。北向接口负责向城域网编排器上报业务部署、业务监控、性能收集、故障定位等信息。

（4）5G 与固网融合承载网转发面。在基于 SDN 架构的转发和控制分离体系中，转发面主要完成用户数据分组的转发和处理，应具有基本的路由功能，以保证转发节点与控制器和网管之间控制通道和管理通道的自动建立。转发节点接受控制器的控制及向控制器上报自身的资源和状态，同时需要提供传统的网管北向接口。但是北向接口不再包含网络业务和协议的功能，只提供转发节点设备本身的管理接口，如电源、电压、单板等管理功能。

（5）5G 与固网融合承载网。5G 与固网融合承载网包括固网有线接入，如宽带上网（PC）、机顶盒（STB）、手机用户（Phone）等家庭接入及企业用户接入、移动通信网络无线接入，如 gNB、eNodeB 以及其他手机用户接入等。

（6）MEC/CDNO MEC/CDN 主要负责视频、游戏和边缘计算等内容的存储和分发，通过网络扁平化技术，实现在汇聚层 MEC/CDN 资源的通信。

（三）融合承载网络技术特征

1. 5G 与固网业务 IP 承载

IP 技术的广泛应用使固定和移动通信网络正在逐步向分层化、全 IP 化的网络架构演进，相似的网络结构和接口协议为固定通信网络和移动通信网络的融合奠定了基础。

网络演进方面使用 MSG 进行融合承载，通过构建基于 SDN 技术的多业务汇聚网关（融合承载网关），用于移动通信网络和固定通信网络业务的统一汇聚接入，从而实现固移业务承载网络的融合统一。

从固定通信网络业务角度看，MSG 符合转控分离的 vBRAS 架构，U 面利旧现网 BNG 路由器，基于 x86 的 vBRAS-C 面集中云化布放。从数据分组转发角度看，MSG 在本地网汇聚层将移动通信网络和固定通信网络业务的物理汇合，引入 EVPN/SR 等新技术实现多业务的差异化服务。

从移动业务角度看，由本地 IP RAN 汇聚上联到 MSG，流量热点区域 S/PGW 的转发面（S/PGW-U）下沉到汇聚层，就近访问 Internet 内容。移动通信网络、固定通信网络各类业务从汇聚层开始由 MSG 统一承载，实现了多业务汇聚网关 MSG。

2. 承载网络扁平化

整个移动流量的承载架构较为复杂，端到端网络层级较多地影响用户网络感知，对突发流量响应能力较差。

为适应移动通信网络流量、固定通信网络带宽的快速增长，现有承载网的多层次网络架构已无法高效支撑业务需求，须对现有的网络架构进行扁平化改造，降低网络承载层级，提升网络管理效率。

为了解决这个问题，我们提出建议采用核心网转发面下沉技术。将核心网的转发面下沉，移动业务客户端通过本地 IP RAN 接入环、IP RAN 汇聚环两个层级收敛汇聚到核心网，再由 SGi 接口直接接入互联网，省去本地 IP RAN 两个层级、本地承载网和骨干承载网所有层级以及路由器。一方面，UPF 与 MSG-C 均集中部署控制；另一方面，移动网业务数据流量直接从 UPF 接入到汇聚层 MSG-U 中进行数据转发，然后由 MSG-U 通过 CR 接入互联网中，实现移动网数据业务承载的高度扁平化。

3. MEC/CDN

5G 网络 MEC/CDN 节点一般设置在省级核心机房，用户访问大带宽、低时延业务（如游戏、高清视频）的传输距离长、转发跳数多、热点时段分组丢失拥塞，从而导致访问时延大、用户体验差。通过 MEC 内容源下沉，可解决上述问题。

MEC/CDN 由核心 DC 下沉到汇聚 DC，对于访问已分发到本地 MEC/CDN 热点内容的移动和固定通信网络业务请求，由汇聚 DC 的 MEC/CDN 经汇聚层网络节点直接提供，使用户业务就近得到服务，降低了业务访问时延，并减少了汇聚层以上层次网络的扩容；对于访问 MEC/CDN 未命中的移动和固定通信网络业务请求，由汇聚层上行到 CR 访问目标内容源。

4. 控制面和转发面解耦合

随着固定和移动通信网络覆盖范围的扩大，网络规模日趋膨胀。网络服务往往需要由具有不同功能属性的多个专业网络组合提供，但目前各专业网络彼此之间条块化分割，能力参差不齐，业务的端到端部署和优化困难。同时，由于传统设备研发和部署体系封闭，网元功能单一且受限，功能扩展和性能提升困难，导致新业务的创新乏力以及响应滞后，无法满足互联网应用创新对服务的动态请求。

SDN、NFV 与边缘控制设备的融合是下一代智能边缘计算的发展方向，可解决当前遇到的难题并满足业务需求。多业务汇聚网关 MSG［可用虚拟宽带远程接入服务器

（VBRAS）〕具备以下优势。

（1）设备转发平面与控制平面分离，打破当前设备封闭性，实现网络功能与硬件的松耦合，设备硬件及软件升级简单。

（2）设备资源可虚拟化，采用云技术进行承载，可实现弹性伸缩，并根据业务的具体需求，动态地扩容或缩减资源。

（3）设备融合业务增强更加简单，可采用软件模块实现专用的业务功能，提升增值业务能力。

（4）控制面集中管理，可实现整网业务策略的统一部署，提升业务上线速率，增强市场竞争力；对于城域网而言，实现网络的 SDN 化，最重要的切入点就是实现汇聚层的转发与控制分离。

基于 SDN 技术实现转发面和控制面解耦的固移多业务汇聚接入的网络系统，对移动回传网、固网城域网进行了整合重构，实现了移动通信网络、固定通信网络各类业务从汇聚层转发；将内容源通过 MEC 下沉到汇聚层，热点内容由汇聚层网络节点直接提供；实现了多业务汇聚网关 MSG、移动通信网络数据业务服务网关转控分离，MSG-C、核心网控制面集中控制，MSG-U 部署在汇聚层，流量热点区域核心网用户面下沉到汇聚层。降低移动数据业务回传的层级，减少消费者访问 MEC 热点内容源的转接层级，通过网络扁平化技术构建出具备高性能、低时延、高带宽的基于 SDN 的固移融合承载架构。

四、管理及应用面规划与设计

（一）编排器规划原则

1. 编排器技术概况

业务编排器用于城域网范围内的业务编排和网络协同，具体描述如下。

（1）业务编排：实现城域业务灵活编排，对城域网各种网络资源以及网络能力的抽象和封装；灵活组合，为业务的开发提供标准的 API，开放网络能力，支持定制化开发。

（2）网络协同：基于业务、网络的变化自动调优网络，实现预定的业务和网络策略，保证各网元协同工作，屏蔽底层设备差异，提供自动化、智能化运维手段。

根据网络发展进程及业务需求的不同，对编排器的部署建议是逐渐部署完成。

2. 编排器近期部署

（1）业务统一配置下发

在传统的网络管理过程中，采用 CLI 命令行的方式进行业务配置下发，存在设备类型多、命令数量多、配置复杂等一系列问题，另外，基于每个厂家每种设备类型的配置定义模版，其创建、删除、修改的过程容易出错。随着网络规模的增大、复杂性的增加和异构性的增强，传统的管理方式已经不能满足网络发展的需要，而基于 XML 的下一代网络配置（NETCONF）协议是一种很好的解决方案。

NETCONF 使用 YANG 作为它的数据建模语言，用户可以使用这套机制增加、修改、删除网络设备的配置，获取网络设备的配置和状态信息。通过 NETCONF 协议，网络设备可以提供规范的应用程序编程接口（API），应用程序可以直接使用这些 API。通过 NETCONF 向网络设备发送和获取配置、可编程的方式实现网络配置的自动化，从而简化和加快网络设备和服务的部署。

通过编排器调用控制器的 YANG 模型完成业务统一配置下发，实现各厂家设备的业务管理和数据配置，屏蔽异构厂商细节，适用于经常重复调用的配置需求场景。

（2）固移 QOS 业务统一部署

随着固移综合 IP 承载城域网的引入，移动数据业务和固定宽带业务采用一张网络进行综合 IP 承载，控制面和转发面存在大量信令交互，同时随着移动宽带网 Volte，游戏加速等高 QOS 级别业务的开展，对关键业务流的可靠传送也提出了更高要求；需要在综合 IP 承载网关 MSG 及路由器上进行 QOS 配置，对固定通信网络及移动通信网络进行不同优先级标记，保证移动网络业务高优先级，对移动网络业务进行端到端质量保障。

3. 编排器远期部署

（1）流量调优

目前，互联网带宽需求的快速增长和区域发展的不平衡导致城域网流量分布不平衡，部分链路拥塞严重，而另一部分链路则闲置浪费。传统城域网存在网络不够透明，不够可视化的问题，导致管理人员很难管理整个网络，出现问题难以定位，运维压力较大。传统的粗放式运营已不能满足需求，基于流量的精细化运营成为迫切需求。

通过编排器与 SDN 网络协同，实时采集城域网路由和流量信息，对流量（拓扑结构、链路状态、链路质量及流量路径等信息）进行可视化分析。根据全网的拓扑、带宽、流量、链路质量等信息，分析计算最优业务路径，将优化的业务路径下发给路由器，从而影响业务转发路径，达到调优的目的。

根据链路状况（带宽、使用率、可靠性、成本等）做细颗粒度的动态调节，实现网络流量智能管理，实时调度不同优先级业务流量的路径，避免局部拥塞，提高全网网络质量和网络利用率。

（2）业务产品开发

随着近些年数据中心、云计算、移动互联网的快速发展，用户除了基本的上网需求外，对业务的丰富性和体验感要求越来越高，由于各设备系统封闭，缺乏标准的开放接口和自动化的部署工具，因此，每开通一个新业务，要求各设备之间配合设计、开发和调试，涉及各个部门、不同厂商的协调，而且硬件设备需要一个站点接一个站点安装、升级和调试，整个周期很长。

传统的业务模式已经不能快速响应用户的定制化需求，需要通过对资源、功能以及服务进行重构编排，将基础网络能力进行抽象，并通过标准接口对内、对外实现网络能力开放，实现网络服务的产品化，支撑产业链协同创新。

基于网络能力的编排协同，进行新产品开发，面向业务部门、客户输出灵活、个性化的业务产品。

（二）编排器接口设计

城域网编排器对外接口主要包含南向接口和北向接口，南向接口可通过灵活的 REST API 接口协议和控制器互通；北向接口面向用户提供定制化的 API，满足用户差异化的业务需求。

1. 编排器北向接口

（1）与综合网管系统接口：获取网络拓扑、网络节点和链路状态、业务流量信息，实现网络资源、业务资源信息的收集、呈现。

（2）与服开系统接口：接收业务开通、变更、删除等指令。

（3）与 Web UI 接口：提供 API 开放、自服务界面，实现网络资源查看、业务运行状态监控、性能监控、自服务等功能。

（4）与资源管理系统接口：获取业务开通所需的业务、网络资源数据。

（5）通过北向接口：业务编排器能以软件编程的形式调用各种网络资源；把控整个网络的资源状态，并对资源进行统一调度。

2. 编排器南向接口

可通过 REST API 对接异厂家控制器，编排器 REST API 可灵活适配异厂家控制器，调用控制器配置的 YANG 模型，实现与跨厂家、跨域、跨本地网的控制器的对接。

五、控制面规划与设计

（一）拓扑管理

拓扑管理的作用是随时监控和采集网络中 SDN 路由器、交换机等网络设备的信息，及时反馈网络设备的工作状态和链路连接状态；将所管理的网元之间的逻辑关系、网元的运行状态、链路资源使用情况等信息以图形或列表的方式概括呈现，并提供进一步访问网元信息的应用链接。

通过拓扑管理实现拓扑的自动发现、视图的灵活定制、设备面板的直观展现以及告警的有效关联，能直观反映故障位置，真实地反映网络的实际运行情况。同时各区域网络设备配置和具体设备容量配置情况也一目了然，提高配置管理数据的准确性，减少人工普查的工作量。拓扑管理应支持以下功能。

（1）通过平台—业务—应用分级展现系统和网络拓扑结构，拓扑方式支持自动发现、自动展示和人工编辑。

（2）拓扑图能够从宏观角度展示整个应用端到端的架构及其元素的关联关系情况。在拓扑图的界面显示用户端及后端各个服务之间的层次关联关系。

（3）拓扑操作支持手动修改、逐层向下钻取，支持状态显示、拓扑颜色、缩放、显示/隐藏资源、查找、拓扑导入/导出等。

（4）拓扑展现可使用 AJAX 网页瘦客户端技术，纯 B/S 展现；网络拓扑可采用并发采集线程技术，拓扑刷新高效、及时，最小刷新颗粒度可达秒级，对国内外设备实现良好的兼容性。

（5）以逻辑网络关系、物理网络关系作为索引来组织网络层、主机层管理对象的拓扑结构。网络拓扑视图包括二层网络拓扑视图、三层网络拓扑视图、全网拓扑视图。

（6）通过拓扑图可以查看监控设备相关的配置、性能、告警信息，能够提供查看相应设备的详细配置信息功能，应能够直观地以红、黄、绿等颜色显示各种告警信息，包括故障告警、配置告警和性能告警。

（二）配置管理

配置管理可对交换机、路由器、防火墙等网络设备的配置进行统一集中管理。支持批量配置海量设备，自动备份配置文件，实时跟踪配置变更，快速恢复正确配置。避免由错误配置引起的网络故障，防止未授权的配置变更，自动化执行配置管理任务，从而提高网络管理的效率，有效降低人力成本。业务资源查询和管理包括 IP 地址、VPN、VLAN、AS、码号资源等，支持与资源管理系统对接，主要功能如下。

（1）自动发现和备份配置信息。可自动发现网络设备，并将设备的配置信息集中加密存储在数据库中。通过设定时间间隔，系统可定期备份设备的配置文件，以便跟踪对设备所做的所有变更，以及在需要时迅速恢复之前的配置。

（2）批量配置设备。内置丰富的参数配置模板并支持自定义模板，批量应用到几十台甚至几百台路由器或交换机设备。在短时间内准确无误地完成大量网络设备的参数配置，快速执行网络改造、设备升级等网络维护任务。

（3）配置版本比对。将每一次改动记录为一个配置版本，通过比对不同的配置版本，可利用不同的颜色来帮助管理人员快速辨认出配置版本之间的区别，有助于快速定位问题的根源和纠正配置。

（4）快速恢复正确配置。在对每次配置更改备份的同时，管理员可将设备的最佳工作配置设置为"基线版本"。当由于错误的配置变更引起网络故障时，可快速回归到基线版本，保证网络正常运行，大大降低故障修复时间。

（5）实时跟踪配置变更系统。通过监听设备配置更改时产生的 Syslog 系统消息来实时监视配置变更，捕获更改配置的人员（Who）、更改内容（What）、时间（When）、IP 地址（Where）等信息，并能够自动发送邮件告警，通知管理人员。

（6）权限控制和审批机制。系统提供管理员、超级用户、操作员 3 种用户角色，通过分配角色和分组设备控制用户更改设备的配置。借助配置更改审批机制，可以对网络设备配置实现更安全的控制，防止未授权的配置变更。

（7）设备搜索功能。系统提供强大的搜索功能，通过键入关键词、字符串或短语，快速查找设备和配置，有助于从海量设备中快速定位到指定设备和配置，实现更加快捷的设备配置管理。

（8）完整的报表审计。以直观的报表形式，展现设备资产、配置变更历史、用户配置行为等翔实、完整的配置管理信息。

（三）控制器南向接口设计

SDN 控制器对网络的控制主要是通过南向接口协议实现。SDN 控制器南向接口位于控制器与网络设备之间，可实现包括链路发现、拓扑管理、策略制定、表项下发等功能，其中，链路发现和拓扑管理主要是控制其利用南向接口的上行通道对底层路由、交换设备上报信息进行统一监控和统计；而策略制定和表项下发则是控制器利用南向接口的下行通道对网络设备进行统一控制。

控制器南向接口协议可以通过 Open Flow 协议或 NETCONF 协议来实现。

（四）控制器北向接口设计

SDN 控制器对网络业务支撑则通过北向接口协议实现。SDN 控制器北向接口位于控制器与编排器之间，用于 5G 和固网融合承载网控制面向城域网编排器上报业务部署、业务监控、性能搜集、故障定位等。控制器北向接口直接为业务应用服务，其设计与业务应用需求密切联系，具有多样化特征。

控制器北向接口协议可以通过 NETCONF 及 RESTFUL 等协议实现。

六、转发面接口规划与设计

（一）转发面接口概述

根据网络范畴的不同，转发面接口包括固定网络转发面接口、无线网络转发面接口。

（二）固定网络转发面接口设计

根据 TR-101 Migration to Ethernet-Based DSL Aggregation 标准规范，固定网络的标

准接口主要包括 T 接口、U 接口以及 V 接口。

固网业务接口包括 U 接口、V 接口，具体的技术要求如下。

1. U 接口技术要求设计

U 接口可以支持不同物理层的直连以太封装技术，U 接口物理层需要支持但不限于以下技术。

（1）ADSL1-ITU-T G. 992.1；

（2）ADSL2-ITU-T G. 992.3；

（3）ADSL2plgs-ITU-T G. 992.5；

（4）VDSL2-ITU-T G. 993.2；

（5）G. SHDSL-ITU-TG. 991.2；

（6）任意 802.3 以太物理层；

（7）RFC 6765-xDSL Multi-Pair Bonding （G. Bond）；

（8）ATM 传输标准 ITU-T G. 998.1；

（9）Ethernet 传输标准 ITU-T G. 998.2。

2. V 接口技术要求

V 接口的基本技术需求，需要支持以下功能：流量汇聚、服务区分、用户隔离和可追踪性。

V 接口的外层 VLAN 为 S-TAGC 或 S-VLAN，S-VID），内层 VLAN 为 C-TAG（或 C-VLAN、C-VID）口 V 接口采用 S-TAG 作为服务器网络端口，也称为服务器边缘桥，U 接口采用 C-TAG 作为客户网络端口，也称为客户端边缘桥。汇聚的网络节点为 802.1d S-VLAN 桥。

V 接口协议栈实现包括 IPoE、PPPoE 及 Ethernet 这 3 种。

（三）无线网络转发面接口设计

无线网络转发面与控制面分离的网络架构，参考 3GPP TS 23.214 Architecture Enhancements for Control and User Plane Separation of EPC Nodeso SGW 和 PGW 分别为控制面和转发面分离的物理架构。

SGW-C 通过 Sxa 接口可实现对 SGW-U 的 TEID 等的更新，并发布到 eNodeB/RNCo PGW-C 通过 Sxb 接口可实现对 PGW-U 的 TEID 等的更新，并发布到 eNodeB/RNCo AMF 通过 Namf 接口、SMF 通过 Nsmf 接口可实现对 AMF 和 SMF 的 TEID 等的更新，并发布到 gNB。

七、融合承载网络系统的演进

（一）与传统网络兼容

随着 SDN 的持续发展，传统网络将与 SDN 长期共存，使 SDN 设备与传统网络设备兼容，节约成本。SDN 架构分离了传统网络架构中的逻辑控制功能和数据转发功能，形成了控制平面和数据平面。控制平面能够获取全局网络拓扑视图，以此进行细粒度的路径规划和实现细粒度的转发控制功能，在负载均衡、接入控制等方面有着天然的优势。

在 SDN 中，控制器在逻辑上是集中的，类似于核心网的网元，其重要性不言而喻。由于控制器和实现网络功能的应用本身是软件，与通信设备非常高的标准化程度相比，它们是定制化的、无标准可遵循的，且需要迭代开发，不断 SDN 的价值之一在于能否降低网络的运营成本、为其带来额外的业务收入，而全网部署 SDN 需要大量更换现有路由器设备。因此，如何实现平滑演进，保护现有资产是 SDN 在运营商网络中大规模应用需要解决的问题。传统非 SDN 设备的网络投资非常高，完全更新为 SDN 设备需要很长的周期，需要考虑 SDN 与传统网络进行兼容，并实现平滑过渡。

（二）可长期演进

目前，虽然已经出现很多 SDN 在数据中心商用部署的案例，但尚无 SDN 在大规模网络中部署的成功经验，未来应该采用何种方式组网，控制器应该如何构建是实现 SDN 全网部署需要解决的难题。

基于 SDN 技术进一步延续和深化了控制转发分离的架构，网络设备由控制器下发的流表控制，既可以按照传统路由方式匹配转发，又可以基于 MAC、IP、TCP/UDP 端口号、VLAN 或 MPLS 匹配转发并执行多种指令，在控制器软件的作用下可灵活实现各种功能，是一种较合适的 SDN 方式。

转发层主要负责访问控制、传统 IP 路由转发、MPLS 转发、特定流转发和 NAT 转换等，通过协议与控制器建立连接，根据控制器下发的流表执行相应的行为。

控制层主要进行网络控制和业务控制，具备拓扑自动发现和维护、收集流量数据等基本功能以及移动性管理、特定流网络策略控制、汇聚流 LSP 拓扑控制带宽管理、流量工程、兼容传统 IP 路由计算等网络功能，还能提供统一鉴权、通信控制、应用汇聚、业务感知、应用流感知、业务计费、开放 API 等能力。

在大规模部署的情况下，多个控制器如果采用对等分布，将会面临控制器间如何协同工作、控制器应用灵活性不足和开发部署困难的问题。因此，采用一对核心控制器（一主一备）进行全局逻辑控制，其余控制器作为前置节点进行底层功能控制的两级系统架构更为合理。这种集中分布式网络控制系统有利于高层应用的灵活开发和业务的快速部署，能够降低系统整体性能扩展的难度。

在与传统网络兼容的基础上演进到基于 SDN 的综合 IP 承载网络的过程中，可采用以下技术。

（1）核心网转控分离。核心网采用 NFV 虚拟化新建，无论是设备形态选择，还是业务处理方式，与 5G 核心网的演进方向一致，基于 5G CUPS 架构和 5G 网络切片技术，4G

和5G无线网络融合接入，用户面和控制面分离，控制面网关集中配置和统一接口，用户面网关分布式灵活部署，增强了网络在超低时延、超高带宽、超强稳定性等业务上的处理能力。

（2）BRAS转控分离。通过将BRAS/融合承载网关的转发层和业务控制层分离，实现宽带用户业务的统一管理，释放传统NP设备转发面资源的潜力。转控分离vBRAS架构结合NFV设备云化和SDN集中管理的优势，不仅解决了运营商资源利用率低、管理运维复杂和新业务上线慢等问题，还符合现网设备的升级演进方向，同时也为未来的固移融合打下坚实的技术基础。

（3）控制面通道EVPN/SR承载。引入EVPN/SR技术对现有MPLS技术的高效简化，同时复用MPLS已有的转发机制，能很好地兼容目前的MPLS网络，并帮助现有MPLS网络向SDN的平滑演进。采用基于SR和VXLAN技术实现DC及DC间网络端到端质量保障技术，DC间通过SR技术实现网络快速收敛和灵活业务控制，跨DC端到端通过VXLAN ESI技术实现网络多级冗余保护，实现DC及DC间网络端到端质量保障。采用支持SR＋EVPN的通用网络设备，支持统一的SDN控制，支持云网协同，实现业务融合承载。

（三）网络演进路线

阶段一：初期部署

由于该方案涉及面较广，为保证网络的稳定性，建议初期在现网进行试点，结合网络的实际情况，选取一两个试点进行安装调测，统筹推进试验网建设。通过加强技术验证、对接开展典型应用，加快商用进程及垂直行业应用示范开展。

阶段二：规模部署

结合试点局点，通过有序扩展试点规模，既很好地满足了当前业务需求，又为手机Wi-Fi，固网业务面向未来的发展（智能家居、物联网）奠定了基础，对于丰富业务功能、优化网络架构、提高网络效率、增强网络管控能力、提升安全防护能力都有十分重要的意义。

阶段三：全网推广

待系统相关方面均成熟稳定后，着力全网推广，加大演进的广度和深度，打造一张高效、可靠、大带宽、低时延的固移融合的综合城域网络，实现移动网络、家庭宽带网络以及企业宽带网络统一接入、集中控制。

第八章　基于5G、大数据、AI 的数字网络新型基础设施建设

当前，人类社会的正常运行基于信息流、物流、资金流、服务流等多种流的运转。未来，5G、大数据、AI 等数字技术将实现人与人、人与物、物与物的无缝联接，人类社会将迈入万物互联的智能世界，基于数字技术的信息流将实现多流合一，信息流将主宰一切，孕育万物。

人类社会迈入智能社会的过程是数字化和智能化的过程。本质上是通过把物理世界数字化，采集汇聚物理世界的海量数据，再通过数据进行分析建模，形成认知决策，从而反馈给物理世界，指导物理世界的运转，最终提升物理世界运行效率。在这个过程中，数据发挥了巨大的价值，是数字化、智能化的关键。

所以，数据是核心生产要素，它是联接物理域、数字域和认知域的桥梁，它来源于物理域，在数字域里被分析和挖掘，最终在认知域里发挥价值。

为了更好地推进数字中国建设，实现高质量发展，需要构建数字中国的新型基础设施。该新型基础设施将以数据为核心，在保障安全可信的前提下，融合 5G、大数据、AI 等多种新 ICT 技术，打造数字中国高质量发展的基石。

第一节　数字中国新型基础设施整体架构

一、新型数字基础设施

新型数字基础设施，以中国系统提出的信创云[①]为基础，重点打造数据中台、智能中台、技术中台、业务中台四大中台，面向政府、企业、市民提供安全、专属、创新的云服务。

在信息技术应用创新的背景下，以国产 CPU、操作系统为底座的自主研发的云平台，统筹利用计算、存储、网络、安全、应用支撑、信息资源等软硬件资源，发挥云计算虚拟化、高可靠性、高通用性、高可扩展性及快速、弹性、按需自助服务等特征，提供可信的计算、网络和存储能力。

[①]　信创云是指在信息技术应用创新的背景下，以国产化的 CPU、操作系统为底座的自主研发的云平台。

依托底层大数据存储和计算平台，全面整合城市各领域数据。提供采、存、通、用、服全周期数据管理能力，对数据治理与运营的共性能力进行沉淀与实现。让数据用起来，服务上层数据应用体系，快速满足数据类应用的实现，缩短数据与应用之间距离。快速实现业务数据化、数据资产化、资产服务化、服务业务化，敏捷响应城市级应用创新需求。

支撑数字城市各类智能应用场景，在统一算力资源、数据资源基础上，通过一站式工具体系支撑数据引入、数据处理、特征工程、模型开发、模型训练、模型部署等 AI 开发过程需求。基于应用需求驱动，沉淀体系化的基础模型、领域模型，通过在线服务平台对应用场景提供可靠、安全的模型访问服务，提高智能应用开发响应速度，降低 AI 模型后续运维与升级难度。

面向开发人员提供城市级软件开发的微服务基础环境、中间件、技术组件、服务开发框架、Web 前端框架等各类技术服务，为方便开发人员快速掌握各类组件，技术中台提供可配、可查、可学、可看的门户，极大便利各类软件应用开发，助力城市业务敏捷创新。

全面整合城市政务服务、市场监管、综合应急、教育医疗等各领域业务，提供包括个人画像、企业画像、地理信息、消息中心、智能客服等业务能力组件。通过制定标准和规范，将业务组件进行解耦，沉淀到中台进行封装。各业务开发人员通过业务组件的拼接，以搭积木的方式快速组建城市级业务应用。

二、新型数字基础设施应用价值

新型数字基础设施，依托信创云＋四中台，助力提升城市治理体系和治理能力现代化，推动经济高质量发展。

打造城市新型数字基础设施，通过政府各委办局、园区、企业等城市全域业务上云，打通城市各类数据，构建城市级数据大中台，提升政府运行效率，助力优化营商环境，促进精细化治理，让城市更聪明更智慧。

新型基础设施，推动协同创新。助力打造城市级新型基础设施，让云服务像水、电、气一样易于获取，政府按需为园区、企业提供上云服务申请，支持工业云、文旅云、餐饮云、交通云等行业云建设，提供云上研发环境，助力行业协同创新。通过云服务更好地为企业服务，提升各类企业管理水平，推动城市经济高质量发展。

打破数据孤岛，提升服务水平。通过政府数据融合共享，勾勒城市全方位、多角度画像，构建城市运行分析模型，帮助城市管理者全面掌握城市发展情况，从而助力政府精准施策，提升市场监管、卫生健康、公共安全、交通出行等各方面服务水平，推动城市管理手段、管理模式、管理理念创新，真正实现"数字治疫""数字治城""数字治堵"。

政企协作共享，助力招商引资。发挥数字新基建优势，助力城市"放管服"改革，并通过整合分析城市产业数据、信用数据、企业数据等，推动线上一体化招商平台搭建，汇聚高层次人才，引进、培育高端企业，实现"招得来、管得好、留得住"的企业新型管理模式，助力提升企业管理水平，让企业发展彻底免除后顾之忧。

转变执政方式，优化治理能力。构建共建、共治、共享的城市治理新格局，打造"平时好用、战时管用"的现代化治理体系。面对突发应急事件，实现城市各类物资管控、救援力量、物流交通等的统一管理；下沉社会治理能力，建立城市网格化治理机制，推动社会共治局面形成。让老百姓可以享受到更多便利，更好地触摸城市脉搏、感受城市温度、享受城市服务。

中国要迈入未来的智能时代，依赖于产业及行业的数字化与智能化。产业数字化转型当前已经进入深水区，传统产业的变革与创新提上日程，5G、大数据和 AI 等数字化技术的深度融合构筑的新型基础设施，将催生大量智能化应用，驱动产业升级。

新型基础设施的核心架构将以 5G 联接为基础，以大数据为核心，融合 AI、IOT、视频等多种新 ICT 技术，向上以服务化组件化能力为输出，支撑政府、制造、金融等行业应用的创新与升级。

第二节　5G 架构

一、移动通信架构

以 5G 为例，移动通信包括终端、基站、光纤传输和核心网。其中，终端和基站之间是无线连接，通常用空口表示它们之间的通信接口。基站到核心网之间主要是有线连接（光纤等），部分区域因部署光纤困难采用微波或卫星等方式连接。核心网一般分为用户面和控制面，简单理解，用户面就是用户具体的数据，控制面就是管理和调度的数据。

二、5G 建网模式

NSA（Non-Standalone）非独立组网和 SA（Standalone）独立组网是两类实现 5G 业务的组网模式。

NSA：其组网方式就是 5G 基站与 4G 基站和 4G 核心网建立连接，用户面连接 4G 核心网，控制面通过 4G 基站连接核心网。5G 手机可同时连接到 4G 和 5G 基站。也就是说，5G 站点开通依赖于 4G 核心网开通。

SA：独立于 4G 的一种组网方式，5G 基站在用户面和控制面上都是建立在 5G 核心网上。

由此可以看出，NSA 组网是一种过渡方案，可以说是一种在 5G 初期建设时的省钱模式。其主要支持超大带宽，但 NSA 模式无法充分发挥 5G 系统低时延、海量连接的特点，也无法通过网络切片特性实现对多样化业务的灵活支持。而 SA 模式基站和核心网全部按

5G 标准设计，可以实现 5G 全部性能，可以被称为真正的 5G，是 5G 的最终目标组网方式。

那么 5G 建网应该如何选择呢？这里划分了如下两大阵营。

中国运营商为避免行业需求快速兴起导致频繁改造网络、增加建设成本，倾向于直接按照 SA 模式建网。

海外部分运营商倾向于选择 NSA 模式，随后再向 SA 模式过渡。

三、5G 空口新技术

为实现 5G 标准定义的 eMBB（增强移动宽带）相对于 4G 速率提升 20 倍的愿景，同时实现 uRLLC（低时延高可靠通信）和 mMTC（海量机器通信），拓展新行业应用，5G 定义了多种空口新技术。其中关键的几项核心技术如下。

Polar 码，也就是传说中华为主导的"短码"，由土耳其比尔肯大学教授 Erdal Arikan 于 2008 年首次提出，第一次被引入移动通信系统作为 5G 中控制面（承载控制信息）信道编码，具有频谱效率高（带宽大）、时延低和功耗小的特点。

物理层编码技术一直是通信创新皇冠上的明珠，是提升频谱效率和可靠性的主要手段。在 3G 和 4G 时代，由于峰值速率不超过 1 Gbit/s，所以优选了 Ericsson 主导的 Turbo 码，但 5G 要求系统峰值速率提升 20 倍到 20 Gbit/s，且空口时延要求提升 10～20 倍，Turbo 码由于译码复杂，且在码长较长时经过交织器处理具有较大的时延，所以不再适用。为提升性能，华为主导提出了极化码（Polar 码）方案，高通主导提出了低密度奇偶校验码（LDPC 码）方案。

Polar 码的核心思想就是信道极化理论，可以采用编码的方法，使一组信道中的各子信道呈现出不同的容量特性，当码长持续增加时，一部分信道将趋于无噪信道，另一部分信道趋向于容量接近于 0 的纯噪声信道，选择在无噪信道上直接传输有用的信息，从而达到香农极限。这就使 Polar 码性能增益更好、频谱效率更高。在译码侧，极化后的信道，可用简单的逐次干扰抵消的方法译码，以较低的复杂度获得与 Turbo 码相近的性能，相比 Turbo 码复杂度降低 3～10 倍，对应功耗节省 20 多倍，对于功耗十分敏感的物联网传感器而言，可以大大延长电池寿命。同时 Polar 码可靠性也更高，能真正实现 99.999% 的可靠性，解决垂直行业可靠应用的难题。LDPC 码，也就是传说中高通主导的"长码"，由麻省理工学院 Robert Gallager 于 1963 年在博士论文中提出，曾在 Wi-Fi 中被使用。最终被作为 5G 中用户面（承载数据信息）信道的编码，具有峰值速率高和低时延的特点。

LDPC 码是一种带稀疏校验矩阵的分组纠错码，由于奇偶校验矩阵的稀疏特性，在长的编码分组时，相距很远的信息比特参与同一校验，这使连续的突发差错对译码的影响不大，编码本身就具有抗突发差错的特性，不需要额外引入交织器。所以具有译码复杂度低、可靠性高、时延小等特点，而且 LDPC 码的译码算法本质上是一种并行算法，会进一步缩短译码时延。

与 Turbo 码比较，在低码率场景，LDPC 码的译码速度与 Turbo 码的译码速度相近。但在高码率的场景，LDPC 码的译码速度比 Turbo 码的译码速度快很多，从而提升峰值速率。

3GPP 最终确定 Polar 码作为 5G eMBB（增强移动宽带）控制信道的短编码方案，LDPC 码作为数据信道的编码方案。关于 Polar 码和 LDPC 码孰优孰劣还没有标准答案。值得一提的是华为公司在 Polar 码的应用上做出了巨大贡献，并持有 Polar 码相关的大部分专利。

物理层波形的设计，是实现统一空口的基础，需要同时兼顾灵活性和频谱效率，是 5G 的关键空口技术之一。

F-OFDM（滤波的正交频分复用），是一种 5G 里采用的空口波形技术。相对于 4G 来说，可以实现更小颗粒度的时频资源划分，同时消除干扰的影响，从而提升系统效率，并实现分级分层 QOS 保障，是实现大连接和网络切片的基础。

讲到 F-OFDM，不得不先讲到 4G 时代引入的 OFDM（正交频分复用）技术，区别于 3G 时代的 CDMA（码分多址）技术，OFDM 是把在时域的数据调制到相互正交的频域子载波上去。在解调时，同一组信道的数据运算后的值可以互相叠加，而不同信道的数据运算后的结果互相抵消。通过这种手段解决了不同信道间信号的干扰问题，大大提升了信道容量。

5G 时代由于要满足不同业务对网络的不同带宽、时延等要求，OFDM 固定的频谱子载波带宽、时域符号长度和循环周期等配置已经无法适用，人们需要寻求更为灵活的调度方式以满足 5G 不同场景下多样性业务的需求。

5G 的 F-OFDM（滤波的正交频分复用）通过参数可灵活配置的优化滤波器设计，使时域符号长度、CP 长度、循环周期和频域子载波带宽灵活可变，解决了不同业务适配的问题。

针对 uRLLC 自动驾驶车联网/AR/VR 等需要低时延的业务，可以配置频域较宽的子载波间隔，使时域符号循环周期极短，满足低时延要求。

针对 mMTC 物联网海量连接场景，因为传送的数据量低、时延要求不高，这就可以在频域上配置较窄的子载波间隔，从而在相同带宽内实现海量连接。同时时域上符号长度和循环周期足够长，几乎不需要考虑符号间串扰问题，也就不需要插入 CP，从而承载更多连接。

对于广播/组播业务，因为业务的源和目的相对稳定，所以可以配置长符号周期，实现持续稳定的数据传输。

对于普通的语音/数据业务，采用正常的配置即可。

综上，F-OFDM 在继承了 OFDM 优点的基础上，又克服了 OFDM 调度不够灵活的缺点，进一步提升了业务适配性和频谱利用效率。

Massive MIMO（大规模多输入多输出），可以简单理解为多天线技术，在频谱有限的情况下，通过空间的复用增加同时传输的数据流数，提高信道传输速率，提升最终用户的信号质量和高速体验。

MIMO 技术已经在 4G 系统得到广泛应用，5G 在天线阵列数目上持续演进。大规模天线阵列利用空间复用增益有效提升整个小区的容量；5G 目前支持 64T64R（64 通道，可理解为 64 天线发 64 天线收）为基础配置，相比 4G2T2R 增加了几十倍。5G 终端接收天线多，5G 终端可以大于 4 天线接收，4G 终端一般 2 天线接收。

3D-beamforming 立体天线波束赋形技术，可以简单理解为让无线电波具有形状，并且形状还是可以调整改变的，最终实现信号跟人走，真正的以人为本，提升用户信号质量。5G 与 4G 相比从水平的波束赋形扩展到垂直的波束赋形，也为地对空通信（比如无人机等低空覆盖）的实现奠定了基础。

用专业语言描述：在三维空间形成具有灵活指向性的高增益窄波束，空间隔离减小用户间的干扰，从而提升 5G 的单位基站容量，增强垂直覆盖能力。

四、5G 新架构

为满足 5G 标准定义的 eMBB（增强移动宽带）、uRLLC（低时延高可靠通信）和 mMTC（海量物联网通信，海量机器类通信）三大场景，5G 也定义了多种新架构，其中关键的几项如下。

上下行解耦：解决 eMBB 场景下 5G 高频上行覆盖不足的问题。

目前无线技术支持的下行速率普遍比上行速率高很多，所以上传内容比下载时要慢很多，这个限制了内容共享需求，如视频通话、视频分享、VR 直播等。5G 由于是高频覆盖，上行质量会进一步减弱，所以引入上下行解耦架构来解决此问题。

MEC：核心网用户面功能下沉靠近用户，在边缘部署，降低网络时延，支撑 uRLLC 场景下端到端低时延高可靠业务。我们平时所说的 1 ms 时延指的是空口时延，对于实际应用来说，关注的是端到端时延（除了空口时延，还包括传输时延、应用服务时延等），引入 MEC 后业务可以直接部署在离基站较近的位置，实现端到端的低时延。

网络切片：一种按需组网的技术，SA 架构下将一张物理网络虚拟出多个不同特性的逻辑子网络。可满足不同场景诸如工业控制、自动驾驶、远程医疗等各类行业业务的差异化需求。传统的 4G 网络只能服务于单一的移动终端，无法适用于多样化的物与物之间的连接。5G 时代将有数以千亿计的人和设备接入网络，不同类型业务对网络要求千差万别，运营商需要提供不同功能和 QOS 的通信连接服务，网络切片将解决在一张物理网络设施上，满足不同业务对网络的 QOS 要求。

下面将进行技术实现的详细阐述。

上下行解耦：当前低频频谱（如 1.8 GHz）一般都已经分配给 4G，5G 只有高频频谱（如 3.5 GHz）可用。按电磁波的传播特性，高频频谱覆盖距离比低频频谱要差，5G 高频的下行可以通过基站采用新技术补足，达到和低频频谱一样的覆盖范围，但是上行受限于终端发射功率，无法有效补足覆盖差距，导致 5G 高频的上下行不平衡。基站和手机通信需要上行和下行同时覆盖，所以会导致 5G 高频的覆盖收缩，在小区边缘的 5G 用户不能有效接入 5G 基站，只能通过增加 5G 站点数量来解决，增加建设成本。

利用 4GLTE 低频频谱（1.8 GHz）的上行，匹配 5G 高频频谱（3.5 GHz）的下行，来补齐 5G 高频上行覆盖的短板，使 5G 用户在整个小区范围内都能接入基站。这个技术就叫上下行解耦，华为公司主导在 3GPP 标准提出并推动落地。

MEC：MEC（Multi-Access Edge COMPuting）是将多种接入形式的部分功能和内容、应用一同部署到靠近接入侧的网络边缘，通过业务靠近用户处理，以及内容、应用与网络的协同，来提供低时延、安全、可靠的服务，达成极致用户体验。

MEC 也可以节省传输，未来 70% 的互联网内容允许在靠近用户的范围内终结，MEC 可以将这些内容本地存储，节省边缘到核心网和 Internet 的传输投资。

ETSI 定义的 MEC（对应 3GPP 的 local UPF 本地用户面网元）同时支持无线网络能力开放和运营能力开放，通过公开 API 的方式为运行在开放平台上的第三方应用提供无线网络信息、位置信息、业务使能控制等多种服务，实现电信行业和垂直行业的快速深度业务融合和创新。如移动视频加速、AR/VR/自动驾驶低时延业务、企业专网应用、需要实时响应的 AI 视频分析等业务。

5G 核心网架构原生支持 MEC 功能，控制面和用户面完全分离，用户面下沉子 MEC，支撑低时延业务（自动驾驶等）。

网络切片：基于 5G SA 架构，采用虚拟化和软件定义网络技术，可以让运营商在一个物理网络上切分出多个虚拟的、专用的、隔离的、按需定制端到端网络，每个网络切片从接入网到传输网再到核心网，在逻辑上隔离，从而灵活适配各种类型的业务要求（如低时延、超大带宽、海量连接数、安全隔离、超可靠等）。实现一网多用，不需要为每一个服务重复建设一个专用网络，极大降低成本。

5G 的网络切片关键特征：

（1）按需部署：5G 网络功能将会采用基于云的服务化架构，5G 核心网可以根据不同业务 SLA（Service Level Agreement）服务等级的要求对网络功能进行自由组合和灵活编排，并且可以选择网络功能部署在不同层级的 DC 数据中心中。

（2）端到端 SLA 保障：网络的 SLA 指的是不同的网络能力要求，网络切片需要端到端网络共同进行 SLA 的保障。无线和传输保障和调配资源，核心网为不同的业务提供差异化的网络能力和业务体验。

（3）按需隔离：5G 网络切片是一个逻辑上隔离的网络，根据应用的不同，切片可以提供部分隔离、逻辑隔离，如果需要，也可以提供独立的物理隔离网络，需要综合考虑投资成本。

（4）运维自动化：5G 网络中会存在很多个网络切片，管理维护会极其复杂，必须要提供全生命周期自动化运维的能力。

综合商业视角，切片网络的目标架构包括商业层、切片管理层和网络层。商业层为垂直行业客户提供切片设计服务并提供购买入口。切片管理层提供跨域的切片调度、管理和实例化。切片网络层就是支撑上层应用的物理设备和逻辑功能模块。

对运营商来说，切片是进入具有海量市场规模的垂直行业的关键推动力，与独立网络相比，通过切片实现统一基础设施网络适应多种业务可大大减少投资，实现业务快速发布。每个网络切片还可以独立进行生命周期管理和功能升级，网络运营和维护将变得非常灵活和高效。

第三节　大数据架构

5G 的到来，将催生数据爆发式增长，海量数据从采集汇聚、分析挖掘，到最终产生价值，依赖一个融合智能的大数据平台，是一个一体化的围绕数据资源整合与服务以及数据应用开发支撑的一套全流程打通的、无缝集成的完整平台。

该大数据平台分为基础层、数据层、支撑层和应用层。同时，建立数据标准体系、数据安全管理体系和数据运营管理体系。

一、基础层

基础层是一个数据密集型、计算密集型计算支撑平台，满足业务对海量异构多源数据的汇聚与管理需求，以及并行计算、分析、挖掘、检索、离线与实时处理的需求，满足业务系统与生产系统以及与行业结合的数据处理需求。

二、数据层

数据层包括数据共享交换、数据资源、数据治理、数据管控和数据资产等内容，是大数据架构的核心内容。对信息资源进行整合梳理，建立统一共享的数据底座。

数据交换层是由前置交换区、交换系统与共享通道三套系统组成。前置交换是共享交换平台归集数据的起始节点和数据共享交换服务发布的终止节点。交换管理中心负责文件、库表类数据的共享、交换。

数据共享通道负责接口服务类数据的共享、交换。通过提供文件传输、库表交换、接口采集、接口注册等多种数据交换方式，为平台数据汇聚层和前置区提供高效安全的共享交换方式，并实现流程化交换管理。

数据资源层是大数据中心数据汇聚的核心区域，通过交换层采集的文件、库表、接口等多种数据汇聚到这个区域。通过数据集成能力完成数据的归集和共享发布，将采集上来的多种类型数据统一存放至数据中心，经过初步质量管控和规则校验统一汇聚至归集库，再经过业务校验过程检查数据的业务合理性形成中心库，再通过集成、拆分等一系列数据加工过程，形成基础库、主题库等专题库。

数据治理层服务于数据的全生命周期，通过元数据管理、质量管理、标准管理、模型管理等系统，对数据资源进行有效治理。介入采集、汇聚、校验、加工等数据全生命周期过程的各个环节，通过元数据管理中的"血缘关系"追溯数据上下游的流转过程，做到完整化的质量管理、规范化的标准控制、系统化的模型管理，使所共享交换的数据资源规范化、标准化。

数据管控层是对数据资源在共享交换过程中，针对数据流转过程的统一管控平台。涉及用户管理、组织管理、数据的授权申请、共享交换平台的运维监控，以及数据交换情况的统计监控。

数据资产层对数据服务目录进行管理，同时包含数字资产盘点和数据资产评估。

三、支撑层

支撑层针对业务中大数据的应用需求，包括可视化、报表统计、交互式分析、分析建模以及对音频、视频、影像、公文文本的处理，建设一系列数据应用使能工具、平台和公共数据服务组件，方便应用的快速开发。提供多种大数据开发服务，如容器与微服务、数据服务中间件、数据集成、BI（Business Intelligence，商业智能）分析、数据挖掘，统一为各级部门提供共性应用的支撑，同时为大数据开发者提供支撑服务。

四、应用层

应用层基于大数据平台的整体服务能力，构建出基于数据内容应用、数据分析类应用，有效支撑上层业务场景的创新与价值提升。

五、数据标准体系

建立数据标准的管理体系，即建设相关的一系列技术标准和规范，提升数据质量，保障数据的可用性。明确数据的业务维度和技术维度的内容及管理责任，进行定期维护、更新并发布。

六、数据安全管理体系

建立数据安全管理体系，主要是通过落实各种安全保障手段和管理机制，实现数据资源从采集、汇聚、清洗、融合到服务与应用的全流程安全可控。

七、数据运营管理体系

数据运营管理体系包括全流程数据可视化和运维管理。全流程数据可视化实现对数据资源的可视化管理，对数据共享交换、数据汇集、数据治理的各个环节数据情况进行统计并通过可视化的形式进行呈现。运维管理实现大数据平台的统一运维监控和管理，包括监控管理、日志管理、统一审计、统一认证等。

第四节　AI 架构

人工智能作为新一轮产业变革的核心驱动力，将进一步释放历次科技革命和产业变革积蓄的巨大能量，并创造新的强大引擎，重构生产、分配、交换、消费等经济活动各环节，形成从宏观到微观各领域的智能化新需求。

一、AI 发展重点

随着智能芯片、智能算法、智能开发平台等不断迭代发展，在移动互联网、大数据、云计算、物联网等新 ICT 技术共同驱动下，人工智能呈现出深度学习、跨界融合、人机协同、群智开放、自主操控等新特征。大数据驱动知识学习、跨媒体协同处理、人机协同增强智能、群体集成智能、自主智能系统成为人工智能的发展重点。此外，类脑智能也是国家人工智能 1＋N 重点创新研究领域之一。具体包括：建立大规模类脑智能计算的新模型和脑启发的认知计算模型，包括类脑感知、类脑学习、类脑记忆机制、类脑控制等；建立具有自主学习能力的高效能的类脑神经网络架构和硬件系统，以及高能效、可重构类脑计算芯片和具有计算成像功能的类脑视觉传感器技术，实现具有多媒体感知信息理解和智能增长、常识推理能力的类脑智能系统。

二、AI 技术架构

人工智能理论和技术发展经历了三个阶段，如下。

（1）以逆向演绎驱动的符号智能

① 20 世纪 50～80 年代。

② 符号学习：将信息智能简化为对操作符号的演绎推理。

③ 代表性成果：专家系统。

（2）以模型学习驱动的数据智能

① 20 世纪 90 年代至今。

② 统计学习："样本数据——算法模型——预测"路径。

③ SVM、神经网络等算法诞生；语音识别、图像识别等技术发展及快速产业化。

（3）以认知仿生驱动的类脑智能

未来——人工智能的终极目标

① 类脑计算：受脑神经和认知行为机理的启发，以计算机建模为手段，通过软硬件协同实现。

② 神经网络、强化学习、迁移学习等技术是类脑计算的雏形。

需要特别强调的是，这三个阶段仅仅代表着不同时期人工智能技术的主流路径，这三个阶段并非完全独立，即下一个阶段的开始并不意味着上一阶段的彻底结束，比如，近几年出现的概率图模型正是统计学习思想与早期符号学习中的逻辑规则思想的结合；再如，行为认知期的"雏形"深度学习的出现也并非意味着对统计学习方法的替代。因此，即使最古老的人工智能技术在今天也没有过时。

从当前人工智能落地场景来看，现阶段，智能主要集中在云端，包括训练和推理，智能终端主要通过 WiFi 方式与云通信，本地芯片处理能力较弱，不具备 AI 推理能力，比如市面上大部分语音服务机器人、工业巡检机器人，仍处于弱人工智能状态，表现为不具备自主学习能力、自主决策执行能力，同时算法较为薄弱，无法满足复杂的人类自然语言沟通、超低时延、高精尖工业制造等场景需求。

从人工智能发展的三阶段——知识推理——数据计算——行为认知可以看出，当前大部分人工智能水平还处于知识图谱、专家系统与大数据挖掘结合形成的数据智能阶段，与强人工智能还有较大差距。如何达到强人工智能，当前的技术架构是否可以达到，是否需要结合量子计算等，当前学术界尚未有定论。但从行为认知角度，深度学习驱动人工智能水平大幅度提升的作用已毋庸置疑。比如 2019 年 1 月谷歌 Alpha Star 在星际争霸二中 5：0 战胜人类职业选手。因此，现有人工智能技术架构，首先需要考虑增强和优化现有数学计算手段，结合不同场景，建立不同领域的深度学习神经网络算法模型，在更多模态、更复杂的场景中融入多种算法组合，结合 5G 等技术，促进人工智能水平不断演进与发展。

智能终端具备多维感知能力，一方面，将采集的数据源进行预处理并上传云端进行深度学习训练，为下一次算法更新提供数据来源，支撑自主学习能力实现。另一方面，将非结构化处理形成结构化数据，提取关键规则，基于本地部署 AI 算力和算法，进行本地智能推理决策。

数据计算是实现数据智能的核心。基于公有云/私有云/混合云等数据中心基础设施部署人工智能核心技术能力，包括进行数据治理，建立统一数据湖，通过大数据挖掘、分析、建模，结合专家经验和知识图谱等机器学习能力，形成数据智能。第三阶段，建立深度学习神经网络模型，结合各行各业场景，通过大规模分布式训练，形成深度神经网络领域算法，结合智能载体，比如情感机器人，形成行为认知智能。

值得一提的是，AI 技术统一架构需要适应多变的行业场景需求，具备提供一站式场景化 AI API 的灵活定制、一键发布、聚合运营交易等能力；与生态伙伴一起，沉淀领域算法资产，提供丰富的场景化 API 服务。各行各业根据需要调用 API 接口，结合行业场景，进行灵活组合、编排，形成行业智能应用。行业智能终端通过加载智能应用，提高行业生产效率。

三、分布式人工智能

不同于 4G 网络，5G 网络可以提供网络切片、用户切片、业务切片，不仅支持按需定义，还可以为不同的切片匹配不同的带宽、时延、丢包、可靠性、安全等级等差异化能力；本质上，5G 网络具备分布式联接特点，为自动驾驶、远程手术、AR/VR、工业控制等提供近数据（用户）分布式计算的能力。随着 5G SA 独立组网模式的商用，我们预计2021 年，自动驾驶、车路协同、车联网、远程实时手术、工业控制自主学习机器人、云VR 等杀手级应用将出现井喷态势。

5G 大带宽、低时延、广联接的特性可以促进在有智能需求的场景，将弱人工智能升级为满足强人工智能，比如无人驾驶；另外，在最后一公里有线网络无法到达的地方，通过"5G 分布式网络＋分布式智能节点"，进一步拓展行业智能场景边界，实现智能无所不及。

适配 5G 分布式特点，人工智能部署方式将亦步亦趋，体现为"云边端"的模式，向"云—智边—智端"多形态、分布式演进。我们称之为"5G＋AI 分布式人工智能体系"。

"分布式智能节点"（DIN），在最靠近用户即数据产生的地方进行部署，为单智能体（自动驾驶、机器人、无人机、VR 等）提供海量数据的筛选、分析、本地推理决策。比如把非结构化数据转换为结构化数据，提取行业特征数据，进行 AI 本地推理并下达作业指令，是 5G 杀手级应用场景商业化的核心关键。同时，传统模式的边缘计算节点将裂变升级为多个智能边缘节点，我们称为单域智能节点（比如无人机单域控制节点可以协同多个无人机群体智能，协同作业等任务）。如果需要跨域智能体协作，可以通过单域智能节点之间的配合，比如车路协同场景中，自动驾驶智能体可以与道路摄像头等智能体进行配合，实现提前预测路况、交通态势等更加高效安全的自动驾驶场景。

5G＋AI 实现万物智联，新型智能设备产生的数据量，特别是视频等非结构化数据，将是传统智能终端的 10 倍以上，如果采用传统的"中心模式人工智能架构"，除了数据隐私安全的顾虑外，企业综合建设成本将提升，比如能耗、带宽成本等，同时业务延续性、超低时延的需求受制于集中共享资源模式，无法得到满足。结合 5G 移动边缘计算，部署 5G＋AI 分布式人工智能体系，高效实现云、智边、智端之间的有机协同，从而适应企业复杂、差异化部署需求，降低企业 AI 部署成本。5G＋AI 分布式人工智能架构，支持 20 ms 以内大带宽、低时延、高速移动业务场景，举例如下。未来，随着边缘推理 ASIC Al SOC 芯片的商用普及，海量行业智能终端加持 AI 芯片算力、加持 5G 通信模块，我们认为，"5G＋AI"分布式人工智能体系将成为支撑 5G＋AI 双轮共振、互促发展的核心架构基础。

四、群体智能

前面提到的无人机编队、车辆编队等均需要群体智能的支持。群体智能通过单个个体组成的群体，通过相互之间合作来实现某一功能，完成某一任务，组成群体的每个个体通过相互之间的合作，表现出更为复杂的智能行为。群体智能的智能主体必须能在环境中表现出自主性、反应性、学习性和自适应性等智能特性。群体智能的特点如下。

（1）控制是分布式的，不存在中心控制。因而它更能适应当前网络环境下的工作状态，并且具有较强的鲁棒性，即不会由于某一个或几个个体出现故障而影响群体目标。

（2）群体智能可以通过非直接通信的方式进行信息的传输与合作，因而随着个体数目的增加，通信开销的增幅较小，因此，它具有较好的可扩充性。

（3）群体中每个个体的能力或遵循的行为规则要相对简单，方便实现群体智能。

（4）群体表现出来的复杂行为是通过简单个体的交互过程凸显出来的智能，因此，群体具有自组织性。

五、人类脑智能

人工智能的终极目标是实现类脑智能，在伦理和道德法则的约束下帮助人类减负，释放生产力，实现社会和商业价值。类脑智能作为下一代人工智能技术，尚未形成行业标准，我国已经启动类脑智能的研究，希望积极应对国际竞争，把握和平发展主动权。

与深度学习计算模型主要分析静态信息不同，类脑智能首先要建立类脑神经形态计算模型，模拟大脑处理信息的方式。人脑处理信息主要通过视觉、听觉、触觉、嗅觉等感知器官，感知外部动态时空信息，经由人体神经网络传递给大脑皮层刺激神经元形成脉冲信号，大脑皮质层的视听触嗅觉等不同认知区域协同分析处理，最终形成人类意识和对外行动表现。类脑智能计算模型，需要采集大量人类大脑活动样本信息进行分析，研究人脑神经感知通道计算回路、处理机制，挖掘大脑感知通道计算回路中可由硬件和算法的实现部分，为专用算法、传感器和芯片设计提供价值输入；不同于深度学习，目前全球尚未建立类脑智能计算模型框架，除了具备深度学习神经网络特征，类脑智能实现需要依赖专用神经形态传感器、专用神经形态处理芯片和配套软件，以及专用的神经网络感知信息表示、处理、分析和识别算法模型，需要分阶段逐步攻克难题。

人脑的脉冲波是间断的、持续时间极短的、突然发生的电信号，又称脑电波。脑电波非常微弱，目前科学家正在研究通过与大脑无创联接的脑机接口设备，通过电级传感器从人的头皮上获取神经信号，进而达到类脑"意念"控制外物的移动等。比如：

（1）2014 年巴西世界杯开幕式，瘫痪的青年利亚诺·平托穿了庞大、笨重的外骨骼，通过脑机接口踢出了当年世界杯的第一球。

（2）美国旧金山 Smart Cap 的公司把脑电图做成棒球帽，用来缓解卡车司机的疲劳驾驶，提高注意力，减少交通危险。

（3）2014 年，美国 ABM 公司通过脑电图脑机接口训练实验者，使新手学习速度比原先提升了 2.3 倍。

（4）美国科学家已经发现大脑海马体的记忆密码，开始尝试用芯片备份记忆，然后把芯片植入另一个大脑，实现记忆移植。这个实验已经在猴子身上取得成功。

（5）Facebook 的科学家正在研究让人们思考一些东西的同时，把想法传到他人的皮肤上，让人们通过皮肤"听到"声音，进而实现沟通。

新 ICT 基础设施包含大量的硬软产品，产品需要有安全设计，满足信息安全等级保护要求。安全的产品组合并不等于安全的系统，系统需要以"对抗"视角进行整体安全设计，从终端、联接、平台到应用，不但每一个组件都要满足安全标准，还需要部署全网协防系统以保障数据安全和业务连续。

对于联网的系统来说，软件、所有包含通信接口的硬件设备都要符合相应的网络安全标准，如 ICT 设备、能源基础设施、各种终端、工业控制系统等，防止有组织的攻击者从最薄弱的环节进行攻击。

为了保障网络安全，需要制定安全标准，打造安全生态，通过严密的安全管理，从过程可信到结果可信。

第九章　5G通信未来的发展

　　无线通信未来的发展充满了不确定因素，随着各种无线网络与应用的部署，还有一些附带的值得思考的议题，例如无线世界里的知识产权问题。这些主题都和未来的无线通信有关。无线通信网络会逐渐从封闭的本质走向开放的趋势，与因特网结合在一起。对于用户来说，有线与无线网络的差异会越来越少，跨有线与无线网络的应用会越来越多，云计算、移动学习、4G以及物联网以后的发展充满想象的空间。

　　因特网是以有线网络的基础建立起来的，产生了影响非常大的应用，无线通信网络的未来发展可以从未来电信服务的趋势来观察。以电信运营商的分工来看，第一类是电信运营商提供基础的线路与设施来支持通信服务，第二类是电信运营商向第一类运营商租用设施，提供增值服务（value-added services）。中国电信就扮演着第一类电信运营商的角色，ISP则属于第二类电信运营商。

　　庞大的电信产业加入市场竞争的机制，建立充分竞争的环境，对于消费者来说是好事。像有线电信运营商提供的固接式网络也有类似的竞争需要。电信运营商除了提供语音的服务外，还支持许多增值服务。对于无线通信运营商来说，增值服务可以分为以下3类：

　　语音（voice）增值服务：一般语音通信的用途是通话，也可以用来收听气象、新闻与金融信息，或订火车票与医院挂号，这些额外的功能就是语音的增值服务。语音服务是电信运营商主要的固定收益。

　　短信（short message）增值服务：手机可以发送短信，计算机也能发出短信，例如手机铃声或图像的下载服务，就是通过短信的方式传送到手机上。短信服务虽然不像语音通话那么实时，却能弥补语音通信所缺乏的异步通信的需求，而且通信的量相当大。

　　数据（data）增值服务：移动上网服务就是一种无线数据通信，WAP和日本DoCoMo的i-mode都是无线数据通信服务的代表。

第一节　从应用的趋势谈起

　　很多电信业和无线通信运营商的网站上都提供了一些未来无线通信的潜在应用，虽然有的看起来像是科幻电影里的情节，但是以目前科技进展的速度来看，这些应用在未来的3～5年内都有可能出现，甚至普及！从这些应用的趋势来观察会比较容易想象未来的无线通信技术会有什么样的发展。

一、从短信服务到多媒体短信服务

短信服务（Short Message Service，SMS）让简短的文字信息从手机、e-mail、平板电脑以及类似的设备上送到另一部手机上。短信输入以后可以传送到蜂窝网络的移动交换中心（Mobile Switching Center，MSC），MSC 再将短信送往信息中心存储起来。之后信息中心会通过网络查找指定接收短信的手机在哪里，找到以后，与该区域的基站联络，通知手机将有短信送达。基站利用控制信道送交通知，手机收到通知后切换到接收的控制信道上接收短信，完成以后，手机送出确认收到的信息，让信息中心把短信删除。假如以上的过程无法完成，信息中心会继续试着把短信送出去。短信的长度是有限制的，通常是 160 个字节，相当于 160 个英文字符，如果是中文，文字就会更短（因为中文是双字节）。假如未来网络的带宽充裕，SMS 就可以扩展成为多媒体短信服务。

二、公共无线局域网

除了办公室与家庭外，另一个主要的无线局域网的服务市场就是公共场所，例如飞机场、咖啡厅与百货公司等。全球各地提供公共无线局域网（Public Wireless Local Area Network，PWLAN）服务的地点越来越多，用户也持续增加。但是这并不能代表公共无线局域网的构建就没有问题。目前公共无线局域网需要解决的问题有以下几点：

（1）公共无线局域网的漫游机制：用户希望在不同的运营商网络之间能够漫游；

（2）无线局域网的管理方式：政府对公共无线局域网的管理逐步制定出规范，例如室外空间经营者的限制等；

（3）频段干扰的管理问题：无线局域网大幅构建以后还是可能发生频段干扰的问题，应该要有管理的措施。

三、移动虚拟专用网络

移动虚拟专用网络（Mobile Virtual Private Network，MVPN）可以让企业员工在外以无线的方式连上企业的网络，企业网络通常是指内联网（Intranet），也就是专门供企业员工使用的因特网，不对外开放。要引入 MVPN 必须考虑以下几项因素：

（1）移动无线通信网络的安全问题：语音通信已经是相当普及的服务，MVPN 会在无线数据通信上扮演重要的角色，如此一来，安全的问题必须解决；

（2）移动计算设备本身的限制：一般手机的屏幕都比较小，即使是 PDA，在内存容量与处理器的性能上都不如台式计算机。而且移动设备使用电池，有使用时间的限制；

（3）网络管理的复杂变因：让无线通信的用户也能进入企业网络会为原来的网管带来

复杂的变因，包括用户人数的增加、安全认证问题等，在技术上必须有办法处理这些多出来的问题。

四、移动家庭与移动生活

目前大家真正感受到的无线通信主要是手机的语音通信，电视与广播早已习以为常，卫星转播也不像以前那么轰动了。实际上无线通信带来的方便与应用不止这些，卫星导航多数人都听过了，只是并不普及，以前电视上广告的手机拍照后立即传送，现在也是大多数人天天在用的应用，有些地方已经能用手机向自动售货机购买饮料，还有更多应用有点新奇，不过都在意料之内。

大热天回家之前先用手机开启空调，进门以后电话的留言机开始播放信息，电视检测到主人回家开始安排播放的节目。这种场景就有点科幻了，但是在技术上已经不是遥不可及的理想！其实有许多应用目前要么进入实用，要么进入开发阶段，未来在无线通信领域上的发展可能要比有线网络更精彩，直接与人们的生活相关。

电视的屏幕大、音效佳，播放视频的效果比较好。智能电视是指电视可以通过网络获取播放的视频，让用户能自行搜索视频，通过电视来播放视频。"迷你云"是指让用户通过智能手机来搜索视频的应用，找到视频以后再通过无线通信传送给电视播放，假如电视没有无线通信的功能，就要加装设备。

第二节　政府对于无线与移动通信的推动

政府在推动无线与移动通信方面经常扮演主要的角色，因为在无线电领域里其实存在着许多限制，多半来自政府法令的规范，这与电信市场化是不抵触的，因为在法令的保障下才能让运营商自由而公平地发展，同时确保用户的安全与权益。

美国的 FCC 主管无线通信的规范，中国是由工信部的无线电管理局来扮演类似的角色。要观察国内的趋势可以试着从政府的"频谱管理"开始。由于无线通信技术的发展与电信服务形态的多元化，各种无线通信技术与网络的应用、网络服务与管理会在数字化的趋势下整合。ITU 的"地面无线交互式多媒体系统"（Terrestrial Wireless Interactive Multimedia Systems，TWIMS）对于未来频谱需求及频谱规划进行了研究，中国国内也针对这部分进行了类似的规划。

地面无线交互式多媒体系统将整合多个移动通信、固定通信与广播电视系统，提供交互式的语音、数据、视频等多媒体的服务。以规划的历程来看，地面无线交互式多媒体系统包括以下内容：

（1）3G、4G 与 4G 以上的移动通信系统；

（2）无线局域网（WLAN）与无线个人网络（WPAN）；

（3）数字电视（DTV）与数字音频传输（DAB）；

（4）LMDS、LMCS、MVDS、MMDS 与 HDFS 等宽带无线接入系统。

在频谱规划上是为了应对未来全球通信数字化与电信市场化的需求，因此国际上有关地面无线交互式多媒体系统通信的发展将会对各国的频谱规划有重大影响。

一、第三代以上移动通信业务

对于未来移动通信频谱的规划，ITU 于 WRC-2000 会议决议增加 806～960 MHz、1710～1885 MHz 及 2500～2690 MHz 的频段供 3G 地面移动通信业务使用。由于移动通信通常适合使用 3 GHz 以下的频段，而且目前世界各国开放的移动通信频谱多集中在 1 GHz 与 2 GHz 的频段，因此一般认为未来的移动通信系统，也就是第三代以上移动通信业务（Beyond 3G，B3G）所使用的频谱仍将在 3 GHz 以下。为了使频谱能有效地运用，对于 3 GHz 以下的未来移动通信发展所需要的频谱必须预先进行规划。

二、无线局域网/个人局域网系统

无线局域网（Wireless Local Area Network，WLAN）支持室内移动性低的高速传输服务，这类系统包括使用 2.4 GHz 频段的 802.11b，以及使用 5 GHz 频段的 802.11a 与 HIPERLAN-2，最大的数据传输速率可达 20～50 Mbps。个人局域网（Wireless Personal Access Network，WPAN）指短距离、低功率的无线传输技术，可以连接居家环境的信息家电，例如打印机、手机、个人 PDA、笔记本电脑等，增进家庭生活的方便性，改善办公室自动化的环境。蓝牙、HomeRF、IEEE 802.15 PAN 都是这类系统，数据传输速率约 1 Mbps。

结合因特网与无线接入（wireless access）系统为用户提供在任何时间与地点上网的 WLAN/WPAN 是未来通信的趋势，比如公众的 WLAN。以 WLAN 与 WPAN 的标准来说，使用的频段主要在 2.4 GHz 与 5 GHz。中国台湾地区已经开放 2400～2483.5 MHz 频段供跳频（frequency hopping）与直接序列展频（Direct Sequence Spread Spectrum，DSSS）技术使用，并且开放 5.25～5.35 GHz 与 5.725～5.825 GHz 的频段供无牌照的无线信息传输设备（Unlicensed National Information Infrastructure）使用。

三、宽带无线接入——本地多点分配业务

由于因特网对于数据传输带宽的需求很高，有线网络的部署又有许多困难，因此宽带网络（Broadband Network）必须结合无线接入（Wireless Access）技术使因特网的接入线路能更有效地部署到需求地点。本地多点分配业务（Local Multipoint Distribution Services，LMDS）是无线宽带接入技术的一种，利用高容量单点对多点的微波传输技术，提供双向语音、数据与视频等多媒体的服务，可达到 64～2 Mbps，或 155 Mbps 的数据速率。

四、宽带无线接入——高空平台站

高空平台站（High Altitude Platform Stations，HAPS）是将基站布置于离地表约 20～50 公里的气球或无人飞机上，工作的原理和卫星相似。一个高空平台的覆盖范围约为 150～1000 公里，比较适合幅员广大的区域使用。

五、宽带无线接入——在固定业务中的高密度应用

由于高频段传输距离比较短，30 GHz 以上的频段适合高密度的点对点及单点对多点的宽带无线系统使用。

六、数字电视与数字音频传输

广播电视技术数字化的改造和建设能提升广播电视的信号质量，并且增进调频的使用效率。在数字电视广播方面，一般每个频道带宽仍维持原定的 6 MHz。在数字音频传输（DAB）方面，建议以试播实验结果评估频率需求。

七、智能运输系统

智能运输系统（Intelligent Transportation Systems，ITS）指利用先进的电子通信方式来增加大众运输的安全。服务范围包含交通管理、商用车辆管理、先进大众传输系统、智能巡航系统、先进车辆控制系统等。世界各主要开发 ITS 的国家多以低功率、短距离的通信网络提供道路管理、流量控制、自动驾驶、实时路况报道等服务。

八、超宽带技术

超宽带技术是使用 1 GHz 以上带宽的无线通信方式，特点在于发射非常窄的脉冲电波，因此需要很大的发射带宽，可以大幅地降低使用功率，只要发射脉冲的宽度能控制在 1 ns（纳秒）以下，就可以运用 UWB。目前 UWB 技术主要应用在公共安全及宽带无线通信方面。

九、防灾救灾紧急通信系统

随着面对重大灾难的救护意识日增，现有的无线通信系统中可以投入救灾工作的包括公共网络的移动电话系统、中继式无线电话系统、卫星电话系统，以及属于专用电信的警

务、消防与海岸巡防等专用无线电系统。各单位所构建的通信系统无法覆盖全区，而且没有共同平台，因此单位间缺乏横向联系，会造成救灾资源不容易统筹运用的困境。将现有的有线与无线通信搭配卫星与地面移动通信使用，兼顾平时及重大灾害发生时的通信需求；同时成立灾害应变中心构建紧急通信系统的共同平台，简化并统一现有的救灾通信系统接口。此外，也要规划开放紧急通信专用频道，整合各单位紧急通信系统，建立紧急救灾专用无线通信路由。

第三节 无线传感器网络

无线传感器网络（wireless sensor networks）是继无线通信发展之后出现的一种相当有趣的无线网络结构，有很多潜在的应用。随着物联网越来越热，关于传感器网络探讨的文献越来越多，我们通过下面的内容先对传感器网络的基本概念进行入门的介绍。

一、传感器网络的基本概念

传感器网络是由大量传感器节点（sensor node）所组成的，传感节点之间以无线的方式来进行通信，这些节点密集地部署在传感区域内或附近的范围，通常一般人不易或不便到达。传感节点放置的地方不需要特别的施工或事先决定，所以在崎岖的地形、受污染地区、军事前线或灾区部署的时候有相当大的灵活性。传感器网络与自组网（ad hoc network）的主要差异如下：

（1）传感器网络中传感节点的数量远大于自组网（ad hoc network）中节点的数量；

（2）传感节点部署得相当密集；

（3）传感节点容易发生失败；

（4）传感节点的拓扑结构（topology）经常变动；

（5）传感节点主要使用广播通信的方式，自组网则采用点对点的（point-to-point）通信方式；

（6）传感节点的功率、计算能力与内存受限；

（7）由于传感节点的数量庞大，所以不见得会有全局的识别（global identification）。

二、传感器网络的架构

传感节点遍布在传感区域内，每个节点都有搜集数据的能力，可以将数据以接力的方式送回到汇聚节点（sin k）。接力是指传感节点的数据经过多段路径（multihop）传送到汇聚节点的情况。

三、传感器网络的设计

传感器网络的设计受到很多因素的影响，在设计传感器网络里的协议或算法时，通常都需要考虑到这些因素，在比较传感器网络的设计时也可以使用这些因素作为比较的基础。

（一）容错

传感节点可能会因为功率不足而受到阻挡或失败，也有可能受到环境的干扰或破坏。容错是指在设计上必须确认当传感节点失败时不会影响传感器网络整体的功能，容错其实也是实现系统可靠性（reliability）的方法。

（二）制造的成本

传感器网络含有大量传感节点，单一传感节点的制造成本如果太高，将使传感器网络的成本过高。最好在成本上低于传统的传感设备。

（三）可伸缩性

传感器网络中传感节点的数量可能从数百、数千到上百万，因此在设计上必须考虑传感器网络的延展性，不管节点数量多少，都要能正常地工作，而且最好也能运用节点密度高的特性。

（四）硬件的限制

一个典型的传感节点的组成架构，传感设备、处理设备、收发器（transceiver）与供电单元（Power unit）是基本的配备，传感设备中有传感器（sensor）与模数转换器（Analog-to-Digital Converter，ADC）。传感器在传感现场取得的模拟信号经由 ADC 转换成数字信号，然后送给处理设备。处理设备让传感节点具有电脑处理的特征，不过对于传感节点来说，主要的功能是配合其他传感节点完成传感的任务。传感节点通过收发器（transceiver）连接网络，供电单元（power unit）也可以运用太阳能。定位系统（location finding system）让传感节点得以获取精确的位置信息，移动设备（mobilizer）让传感节点具有移动的能力。传感节点通常占有的空间不大，耗费的功率越少越好，操作时可以完全自主，不需要人为介入。

（五）环境因素

传感节点密集地部署在传感区域内，或者接近传感目标附近，通常都不必人为照顾，比如在海洋底部、化学污染地区或战场上。

（六）传输介质

传感器网络中的节点通过无线通信的方式来进行沟通，例如无线电（radio）或红外线（Infrared）等，假如采用的是红外线或光学方式的通信，通信双方必须有无障碍的视线，即直射。

（七）传感器网络的拓扑结构

传感区域内可能有数百或数千个传感节点，彼此之间相距也可能在几米左右，网络的拓扑结构必须有适当的处理机制。传感节点部署的时候可能人为处理，也可能运用机械或载具来自动散发，一旦部署完成，网络的拓扑结构可能会因为传感节点的变化而改变，例如位置的变化或故障。之后也有可能因为一些因素加入更多传感节点，同样会改变网络的拓扑结构。

（八）功率的需求

无线传感节点是一种微电子仪器（microelectronic device），只能具备有限的功率，而且在某些应用中还不能重复补充能量，所以传感节点的使用寿命受限于电池的使用期限。每个传感节点同时扮演数据传送与数据路由的角色，假如部分传感节点无法作用，就会造成网络结构的改变，数据必须重新再传送。所以传感器网络的协议与算法在设计上会考虑功率消耗的问题。传感节点会消耗功率的情况包括检测事件（event）时、处理数据时与传送数据的时候。

四、传感器网络协议

传感器网络协议是指传感节点（sensor node）与汇聚节点（sin k）所使用的协议，传感器网络的协议栈（protocol stack），与 ISO/OSI 网络模型很像，只是少了会话层（session layer）与表示层（presentation layer）。传感器网络协议需要处理功率（power）与路由（routing）的问题，而且要能善用传感节点之间的合作。

（1）电源管理平面（Power management plane）：管理传感节点对于功率的使用，例如传感节点收到邻近节点的信息以后可能会先关闭接收设备，避免收到重复的信息，当传感节点的功率降低时，主要广播给邻近节点，告知无法参与路由信息的传送，以节省功率用来传感。

（2）移动性管理平面（Mobility management plane）：检测传感节点的移动，随时记载通往汇聚节点的路径，同时也记录邻近节点的相关信息，用来调整功率的运用与传感工作的进行。

（3）任务管理平面（Task management plane）：传感区域内的传感任务（task）可以分配给传感节点，但并不是所有传感节点都要同时进行传感工作，协议可以试着进行调整与调度（schedule），使功率能有效地运用，而且传感节点彼此之间能共享资源。

（一）物理层的特征

物理层（physical layer）负责频率的选择、载波频率（carrier frequency）的产生、信号的检测、调制与数据的加密（data encryption）。目前 915 MHz 的 ISM 频段是传感器网络中建议使用的频率。频率的选择与信号的检测主要在硬件层完成，与收发器（transceiver）的设计有关。比较远距离的无线通信在能量的消耗与构建的复杂度上都很高，对于传感器网络来说，能量的消耗问题更重要。就整体的物理层设计来说，还要考虑到调制的方案（modulation scheme）。

（二）数据链路层

数据链路层（data link layer）负责数据流的多路复用（multiplexing）、侦测数据帧（data frame）、介质访问控制（medium access control）与差错控制，确保点对点与单点对多点的可靠通信。传感器网络有自组织（self-organizing）与多次跳跃（multihop）的特性，MAC 协议的主要功能有以下几点。

1. 建立网络的架构

传感器网络中节点的数量很大，MAC 协议要能建立数据传送的链接，同时让传感器网络能够自行组织。

2. 有效地共享通信的资源

通信资源的共享必须能达到公平与有效的原则。

要了解传感器网络的 MAC 协议最好先知道为什么现有的 MAC 协议不太适用于传感器网络。在蜂窝网络中，基站形成一个有线的网络主干，移动设备和最近的基站之间只有"一跳"（one hop）的通信间隔，这种网络是基于基础设施，基本上功率的使用是次要的问题，因为基站有稳定的电源供应，移动设备的电源可以再充满。对于蓝牙（Bluetooth）或自组网（ad hoc network）来说，与传感器网络的情况很类似，但是移动设备同样能补充电源，因此 MAC 协议在设计上不用特别考虑电源的问题。和这两种网络比较起来，传感器网络的节点数量很多，节点之间的距离比较近，网络结构的改变也比较频繁，这些特性使得现有的 MAC 协议无法直接运用在传感器网络中。

传感器网络中固定分配（fixed allocation）或随机访问（random access）的 MAC 协议都有人提出来，基于需求的访问方式由于信息传送量太大，并不适用于传感器网络。

（三）网络层

传感器网络中有密度相当高的传感节点，这些节点与汇聚节点（sink）之间路径的建立要靠网络层的协议，自组网络的路由方法并不适用于传感器网络。以下各项为传感器网络的网络层（network layer）协议在设计时所要考虑的主要原则：

（1）功率使用的效率（power efficiency）；

（2）传感器网络是以数据为中心的。

在寻找路由（route）时通常会考虑传感节点的可用功率（Available Power，PA）与沿路径的连接传送信号所需要的能量，传感器节点（sensor node）与汇聚节点（sink node）之间需要多跳无线路由协议（multihop wireless routing protocol）。

路由的方法也有可能是以数据为根据的，比如说我们想知道有哪些地区污染比较严重，这时候就不是针对某个节点来获取数据了，而是将需求以查询（query）的形式送出去，然后等待响应，这个过程也称为需求的散发，相关的路由方式称为以数据为中心的路由。下面介绍几种已经发布的路由方法。

1．小型最小能量通信网络（MECN）

我们可以对一个网络计算其能量有效使用（energy-efficient）的子网，也就是最小能量通信网（Minimum Energy Communication Network，MECN）。

2．淹没法（Flooding）

此法属于比较老式的方法。在淹没法的路由方法中，每个节点收到数据分组的时候会再把数据分组广播出去，除非该数据分组经过的路段（hop）数量超过上限，或者已经送达目的地。淹没法有重复的信息送往相同节点的问题，即聚爆（implosion），而且没有考虑到能量的使用问题，不过淹没法不必依赖对于网络结构的了解。

3．闲聊法（Gossiping）

属于淹没法的扩展，节点不再广播数据分组，只把数据分组送往一些特定的其他节点。这样可以减缓聚爆（implosion）的问题。

4．有序分配路由（Sequential assignment routing）

Sohrabi 等人提出来的 SMACS 是一种分布式的协议（distributed protocol），不需要集中式的管理机制，传感节点先找出邻近的节点，然后建立传送与接收数据的调度（schedule）。

5．谣传路由（rumor routing）

基本的概念是利用事件（event）与查询（query）的特性，让数据的搜索和手机能以查询（query）为中心，在有足够的数据存在时才建立源（source）与目的地（destination）之间的路由（route）。

（四）传输层

传感器网络也需要传输层（transport layer）的协议，特别是要和因特网或外部网络联络的时候，目前这方面的研究很少。以现有的 TCP 与 UDP 协议来说，汇聚节点（sin k node）与外界的网络都能使用，但是传感器节点（sensor node）的内存有限，最多只有 UDP 能用，由于传感器网络的节点并没有运用全局寻址（global addressing），又要考虑能量的使用问题，因此还是需要开发出适合传感器网络使用的传输层协议。

（五）应用层

传感器网络的应用层协议：传感器管理协议（Sensor Management Protocol，SMP）、任务分配和数据广告协议（Task Assignment and Data Advertisement Protocol，TADAP）与传感器查询和数据散发协议（Sensor Query and Data Dissemination Protocol，SQD-DP）。SMP 让系统管理员能以比较简单的方式来和传感器网络沟通，需求的散发是

TADAP 所支持的功能之一，SQDDP 提供用户设置查询的接口。

第四节　二维码

二维码（Quick Response code，QR code，即快速响应码）是大家在日常生活中越来越常看到的一种二维条形码，由于在使用时常搭配手机的照相与处理功能，所以也称为"移动条形码"。二维码的图形隐藏着信息，一旦取得其图像数据，只要通过适当的软件译码，就能还原所隐藏的信息，进一步地用来浏览网页、下载信息或进行网络交易。

使用二维码的好处是不必进行数据的输入，只要用手机对着二维码扫描，手机就会进行后续的处理，如果我们看到的广告是一串网址，必须先启动浏览器然后输入网址，相比之下，就没有二维码那么方便了。

一、发展历程

国外对二维码技术的研究始于 20 世纪 80 年代末，在二维码符号表示技术研究方面已研制出多种码制，常见的有 PDF417、QR Code、Code 49、Code 16K、Code One 等。这些二维码的信息密度都比传统的一维码有了较大提高，如 PDF417 的信息密度是一维码 CodeC39 的 20 多倍。在二维码标准化研究方面，国际自动识别制造商协会（AIM）、美国标准化协会（ANSI）已完成了 PDF417、QR Code、Code 49、Code 16K、Code One 等码制的符号标准。国际标准技术委员会和国际电工委员会还成立了条码自动识别技术委员会（ISO/IEC/JTC1/SC31），已制定了 QR Code 的国际标准（ISO/IEC 18004：2000《自动识别与数据采集技术—条码符号技术规范—QR 码》），起草了 PDF417、Code 16K、Data Matrix、Maxi Code 等二维码的 ISO/IEC 标准草案。在二维码设备开发研制、生产方面，美国、日本等国的设备制造商生产的识读设备、符号生成设备，已广泛应用于各类二维码应用系统。二维码作为一种全新的信息存储、传递和识别技术，自诞生之日起就得到了世界上许多国家的关注。美国、德国、日本等国家，不仅已将二维码技术应用于公安、外交、军事等部门对各类证件的管理，而且也将二维码应用于海关、税务等部门对各类报表和票据的管理，商业、交通运输等部门对商品及货物运输的管理、邮政部门对邮政包裹的管理、工业生产领域对工业生产线的自动化管理。

中国对二维码技术的研究开始于 1993 年。中国物品编码中心对几种常用的二维码 PDF417、QRCCode、Data Matrix、Maxi Code、Code 49、Code 16K、Code One 的技术规范进行了翻译和跟踪研究。随着中国市场经济的不断完善和信息技术的迅速发展，国内对二维码这一新技术的需求与日俱增。中国物品编码中心在原国家质量技术监督局和国家有关部门的大力支持下，对二维码技术的研究不断深入。在消化国外相关技术资料的基础上，制定了两个二维码的国家标准：二维码网格矩阵码（SJ/T 11349－2006）和二维码紧密矩阵码（SJ/T 11350－2006），从而大大促进了中国具有自主知识产权技术的二维码的研发。

2016 年 8 月 3 日，支付清算协会向支付机构下发《条码支付业务规范》（征求意见稿），意见稿中明确指出支付机构开展条码业务需要遵循的安全标准。这是央行在 2014 年叫停二维码支付以后首次官方承认二维码支付地位。

2021 年 12 月 23 日，上海地铁首次"刷入"自治区，与内蒙古呼和浩特轨道交通乘车二维码实现互联互通。上海市民使用"Metro 大都会"App 就可以方便乘坐呼和浩特地铁，而呼和浩特市民则可使用"青城地铁"App 便捷乘行上海地铁，不用再分别下载两个地铁出行 App，更加"轻装"便利。至此，上海地铁"Metro 大都会"乘车二维码与全国包括长三角区域，以及北京、天津、重庆、广州、兰州、呼和浩特等在内的 17 座城市轨道交通实现互联互通，范围覆盖国内超过三分之一的地铁城市。

二、功能

（1）信息获取（名片、地图、WiFi 密码、资料）。

（2）网站跳转（跳转到微博、手机网站、网站）。

（3）广告推送（用户扫码，直接浏览商家推送的视频、音频广告）。

（4）手机电商（用户扫码、手机直接购物下单）。

（5）防伪溯源（用户扫码、即可查看生产地；同时后台可以获取最终消费地）。

（6）优惠促销（用户扫码，下载电子优惠券，抽奖）。

（7）会员管理（用户手机上获取电子会员信息、VIP 服务）。

（8）手机支付（扫描商品二维码，通过银行或第三方支付提供的手机端通道完成支付）。

（9）账号登录（扫描二维码进行各个网站或软件的登录）。

第五节　云计算

从计算平台（COMPuting paradigm）的变革可以看到人类运用计算资源方式的改变，云计算（cloud COMPuting）代表移动设备的使用已经越来越成熟与普及。

（1）大型主机计算（mainframe COMPuting）：用户通过功能简单与价格便宜的终端（terminal）来分享大型主机（mainframe）的计算资源。

（2）个人计算机计算（PC COMPuting）：个人计算机性能的提升足以应付个人的计算需求。

（3）网络计算（network COMPuting）：网络普及使得个人计算机与服务器能通过网络相连，分享计算资源。

（4）因特网计算（Internet COMPuting）：因特网计算让用户通过个人计算机上网，连接并使用其他服务器上的计算资源，TCP/IP 的网络协议是促成因特网计算普及的关键。

（5）网络计算（grid COMPuting）：网络计算也集合了众多计算机的资源，但是跟传统的并行计算架构不太一样，计算机之间不是靠高速的线缆相连，而是直接通过网络连接，反而像是经由中间件协调合作的分布式系统（distributed systems），所以构建比较费工夫，用户比较缺乏对计算资源或环境调整与分配的弹性。

（6）云计算（cloud COMPuting）：云计算的架构看起来和网络计算没有差多少，但是两者之间有一些明显的差异，云计算可以更有弹性地分享与分配资源，迎合更多元化的需求。云计算以用户的需求为中心，让用户能弹性地调整所需要的资源与计算的环境。

一、云计算的层次化架构

云计算可以看成是由一群服务所组成的，最上层的云应用由软件即服务（Software as a Service，SaaS）的概念来支持，让用户从远程通过网络来执行信息应用。平台即服务（Platform as a Service，PaaS）包括操作系统和相关的服务，换句话说，用户还可以指定计算机的操作系统。基础设施即服务（Infrastructure as a Service，IaaS）让用户指定计算机硬件、处理的性能与网络的带宽。最下层的数据存储即服务（data Storage as a Service，dSaaS）代表硬件的存储空间，提供稳定安全的数据保存空间。

云计算的一个常见的解释是"软件即服务"，也就是让用户端的计算机设备经由云上的服务器执行程序，这么做有什么好处呢？以学校开设的计算机实习课程为例，通常都要向软件厂商购买使用的授权，让学生能在实习教室中使用，问题是当学生回到家以后，就没有软件的环境可以练习了，实习教室不可能全天开放，开放的时间越长，除了需要雇人看管外，发生事故的风险也越高。

（1）软件即服务是让用户在自己的计算机上连接云上的服务器，执行服务器上的应用软件。假如把企业本身开发的应用搬到云上，就称为"平台即服务"，通常用户可以在自己的计算机上执行网页浏览器连接云上的服务器，执行服务器上部署的企业应用；

（2）所谓"平台即服务"，是指处理计算、存储与网络等资源都成为客户可以选择的服务项目，并由此形成专用的平台，对于客户来说，就像是委托云上的运营商帮自己构建并管理一个信息与网络的环境；

（3）基础设施即服务让用户指定计算机硬件、处理的性能与网络的带宽。

二、云计算的特性

云计算所指的是一种并行与分散的计算系统，靠的是网络连接的计算机以一致的方式提供计算的资源，服务提供商与用户之间有服务层的协议（Service-Level Agreement，SLA），云计算具备以下特性，是其他计算架构比较欠缺或没有那么完备的部分。

（一）可伸缩性（scalability）与按需服务（on-demand service）

云计算运营商能够按需求的差异调整所提供的服务，可伸缩性很大，用户可以按自己的需求来获取资源或服务。

（二）以用户为中心的接口（user-centric interface）

不受地点的限制，用户可以通过浏览器或 Web 服务来获取云服务或资源。

（三）保证服务质量（guaranteed quality of service）

云计算可以保证计算性能、存储空间或网络带宽等服务的质量。

（四）自治的系统（autonomous system）

云计算的系统是自治的（autonomous），用户不需要负责管理的工作。

（五）合理的价格

云服务不需要付出构建的初始费用，用户可以按照自己的需求以及使用的服务付费。

三、云生活的想象

我们可以一幕一幕地从视频内容中体验未来科技影响下的生活，同时也试着想象里面所运用的技术，既然说是未来科技，表示目前可能有的还办不到，或者需要一段时间才会普及。

（一）触控技术与实时通信

现在大家都常使用具有触控面板的智能手机或平板电脑，未来我们的生活环境中会有越来越多设施配备触控界面，让用户容易操作与输入。假如再结合实时通信，我们就可以看到视频中两个位于不同地点的人在有触控功能的不同屏幕画图写字来沟通与互动。

（二）身份验证技术与云存储

数据对于现代人来说太重要了，假如不能获取数据就无法开始工作，云的存储功能可以让我们随时随地获取需要的数据，但是为了安全起见，必须确认是真实的自己在获取数据来使用，这可以通过身份验证技术来实现。

（三）移动设备的普及

视频中在很多场景中都有移动设备的使用，例如在出差路途中查找酒店等。移动设备也有定位的功能，可以结合移动定位的功能，或者在用户到达定点时自动启动一些功能，例如在我们进入办公室时自动开灯、启动计算机。

（四）无纸化空间

这是很久以前大家就一直在探讨的技术，先是在办公室的工作中希望少用纸张，在视频中我们基本都看不到纸张的使用，只看到各种纸质质感的电子纸（屏幕）被用于浏览，而供阅读的大量内容就是通过知识云来实现的。

（五）无国界的协同合作

开会不再像从前那样需要把每个人召集到同一个地方，而是随时可以通过手上的移动设备来互动，数据的共享也更方便，视频中的用户直接通过智能手机的照相功能把自己看到的屏幕信息获取下来，马上与网络上的其他相关信息整合在一起。

（六）结合各种科技营造智慧生活

视频中有工厂的自动化管理，可以让操作员以虚拟现实的方式工作，后面隐含的传感技术可以获取环境的数据，用来控制计算机系统调整各种设施的设置，例如环境的温度与湿度等。

（七）方便的生活设施

例如小超市的店员直接使用平板电脑清点与更新库存、通过智能芯片卡进行移动支付、购物时有移动导览的服务帮我们找东西、远程视频会议启动自动口译的功能等。

第六节　认识物联网

随着移动无线通信与信息科技的成熟与普及，"物联网"已经渐渐地发展成可以实现的科技应用，物联网（Internet of Things，IoT）是和移动无线通信的发展密切相关的技术，一旦各种不同的物品能够彼此交换信息，就会衍生出很多有趣的应用。

一、物联网的定义

物联网根据维基百科的定义如下："The Internet of Things（IoT）is the network of physical objects or 'things' embedded with electronics，software，sensors and connectivity to enable it to achieve greater value and service by exchanging data with the manufacturer，operator and/or other connected devices. Each thing is uniquely identifiable through its embedded COMPuting system but is able to interoperate within the existing Internet infrastructure." 翻译成中文如下："物联网是由多个实体物品所形成的网络，这些物品内有电子装置、软件、传感器以及网络连接的能力，目的是让物品本身实现更高的价值与服务，达到这个目的的方式是与制造商、电信运营商或其他连接的设备交换数据。每个物联网的物品都能通过其内置的计算系统被识别成具有唯一的身份，而且能够在因特网的架构下兼容地运行。"

上面的定义包含了几个重要的事实，首先，"实体物品（physical object）"的外延是广泛的，信息设备内置电子装置并不稀奇，但是生活用品内置电子装置就比较少见了。换句话说，假如生活环境中的很多东西内置了电子装置，同时可以连接并交换数据，就会衍生出很多潜在的应用。

由于实体物品的种类很多，应用的目的也很多样化，在设计上与一般的计算机不一样，所以有很多技术上的问题也会有不同的考虑。由于物联网和因特网是结合在一起的，因此既可进行小范围的任意物品的连接，又能通过因特网延伸连接的范围。

二、物联网的应用

很多专业机构的调查都认为在 2025 年之前会有很多物品连上物联网，数量可能以数百亿计。从近来科技市场的变化可以看出物联网的发展趋势，例如可穿戴设备已经上市、电视可以上网并和智能手机进行通信、移动支付慢慢普及、云服务越来越方便等。原本看起来似乎不相干的产品或技术，经过物联网的整合后，发展出更多应用。

由于物联网的对象要以因特网的 IP 地址来识别，而 IPv4 的地址数量不够用，势必要依靠 IPv6 的普及。这也告诉我们其实物联网的概念很久以前就存在了，只是要真正落实需要各种技术的配合，这几年在科技的进展上已经有成熟的环境来支持物联网的建设。

物联网的物品所具备的计算特征是相当有限的，包括 CPU 的性能、内存空间以及电源等，都不像计算机那么强大，这样才要想办法在各种物品中广泛地部署用来连接物联网所需要的功能。物联网的产品可以按照应用的领域分成 5 类：智能可穿戴设备（smart wearable）、智能家居（smart home）、智慧城市（smart city）、智能环境（smart environment）与智能企业（smart enterprise）。

（一）环境保护方面的应用

环境保护是目前受到大家重视的议题，关系着地球与人类的持续发展，物联网的物品所具备的传感功能可以监测水质、空气质量、土壤特性与大气变化等大自然的特征，然后通过连接提供数据，让人类了解大自然的变化，进而采取必要的行动，例如地震或海啸的预警、了解动物栖息地的改变、了解污染的状况等。

（二）媒体方面的应用

物联网与媒体结合可以让我们更精确而实时地找到客户群，并且获取宝贵的消费信息。以智能手机为例，一旦连上网络后，可以允许定位，运行的应用除了得到用户输入的数据外，还能了解用户所在的位置。这么一来，可将更适当的数据或服务提供给用户，比如说用户在找餐厅，可以提供附近的餐厅信息或促销打折的数据。一旦取得用户的数据，可以进一步地了解与分析用户的行为，大数据（Big Data）技术就是这方面的发展，物联网可以更方便地提供更多我们所需要的数据。平时常使用社交媒体的用户可能会发现，自己曾经浏览过的信息或类似性质的信息会不时地出现在计算机画面上，这是因为系统之前记录了我们的使用行为。

（三）医疗监护系统

通过物联网可以建立远程的健康监控系统，提供紧急状况的通知。病人的血压、心律等生命迹象可实时监控，也可对患者所接受的医疗进行监控，传感的数据会送到系统上，与正常的数据范围或病人之前的数据比较就能发现是否有异常的状况。目前也有不少人在慢跑时在手臂上戴上智能手环，让智能手环定位并记录跑步的时间与路径，这也是一种健康管理的应用，我们可以试着想象如果跑步鞋有内置的设备，就比手环方便多了。

（四）建筑物与家庭的自动化

建筑物与居家环境中的机械、电子或电力系统可以通过物联网进行自动控制，灯光、空调、通信、门禁安全等也都能纳入自动控制的范围，目的在于让人类的生活更舒适，同时也达到节能与安全的效果。大家可能在电视上看过智能建筑的广告，里面就有物联网的概念，其实这些自动化的控制是很久以前就有的概念，只是在物联网的概念里，这种控制可以延伸到很广的范围。

（五）智慧城市

物联网可以造就智慧城市，虽然听起来有点遥不可及，但是在目前的生活环境中已经可以看到很多实际的例子。比如现在等地铁的时候可以看到地铁的到站信息，表示地铁就是一种物联网中的实体，系统和地铁的连接让系统掌握了地铁当前的位置，同时经由地铁的速度来预估到站的时间。对于乘客来说，等地铁的时候就能大致知道还要等待多久。有智能手机的人还可以通过 app 查询飞机到港的时间，等时间差不多的时候再出门去机场。

三、与物联网一起生活的一天

物联网普及后将会改变我们每天的生活。从早上起床开始，闹钟叫醒我们并不稀奇，假如热水壶自动通电烧热水，就可以省下一点时间，当然，这需要有类似于闹钟的设置，只是让热水壶启动而已。吃完早餐准备穿衣服时，衣柜前的显示器告诉我们今天的气温，同时也提供衣着上的建议，这代表一种信息判断后提供的功能，至少我们不用再去查询天气的情况。

戴上手表后，屏幕除了显示心律、血压与体温外，也针对个人的身体状况提供基本的评估，因为之前的记录可以通过网络查询，和现在的情况对比，这样的功能除了需要连接的能力外，还包括从用户端传感得到数据，然后进行一些处理与判断，这就具有一点智能了。

抵达办公室后，智能手表马上与公司的智能大楼与办公室建立起连接，准备开启办公室的设施，例如灯光照明、空调、计算机、打印机等，同时软件系统自动记录到达的时间，该用户在参与的会议名单上也做了特别的标注，让其他会议参与者知道此人已经开始上班。这些琐事原本是我们每天要自己一项一项去完成的，现在物联网帮我们自动完成了，等我们进了办公室后，几乎可以直接开始工作了。当然，手上戴的智能手表扮演了很重要的角色，因为它成为我们在物联网中的存在，同时代理我们去进行一些必要的沟通。

仔细想想，手上戴的智能手表和现在几乎大家都持有的智能手机有什么差别呢？基本上，手表是可穿戴的，很少有离身的时候，手机有时候还是有可能没有随身携带，或许未来连身上穿的衣物或脚上穿的鞋子也都能连上物联网，成为我们的"分身"，衣服能传感温度与湿度，甚至能调整松紧程度，鞋子可以感应路面的性质，调整气垫的软硬程度。

物联网的未来有很大的想象空间，之所以能有这样的可能性，主要还是在于各种科技的进步与成熟，苹果公司发布了 Apple Watch（手表），可以说是可穿戴设备发展的元年，我们可以预期未来会出现更多类似的产品，慢让物联网成形，发挥实际的功能。

第七节　软件定义无线电

软件定义无线电（Software-Defined Radio，SDR）是一种无线电通信系统（radio communication system），SDR 和一般无线电通信系统的差异在于有些组成器件（例如混波器、滤波器、放大器等）是通过软件来构建的。原本 SDR 的目标是要尽量地把无线电系统中模拟的器件都交由软件来完成。

一套最基本的 SDR 系统包括个人计算机、声卡、模拟数字转换器（analog-to-digital converter）与无线电前端设备（radio front-end）。SDR 将大多数信号处理的工作交由计算机的处理器来执行。

认知无线电（cognitive radio）的技术可以认知附近无线电频道使用的情况，修改发送与接收的参数，让无线电频段的运用更有效率，SDR 可以实现认知无线电的功能。假如从实际的用途来看，SDR 可以完成调制/解调（modulation/demodulation）的操作、与卫星交换数据、扫描无线电信号频段、测量无线电信号的强度、检测干扰、评估天线的特性、通过软件的更新支持未来的无线通信技术。

那么到底软件定义无线电的技术是否能实现呢？从短期的角度来看，计算机处理数字信号速度的问题依然存在，但是有的应用可能不受这种限制的影响，或许有普及使用的可能性。从长远的发展来看，软件调整的弹性是很重要的因素，可能在架构与技术上有整合的空间，使信号处理速度的问题得到解决。

一、原理

所谓软件无线电，其关键思想是构造一个具有开放性、标准化、模块化的通用硬件平台，各种功能，如工作频段、调制解调类型、数据格式、加密模式、通信协议等，用软件来完成，并使宽带 A/D 和 D/A 转换器尽可能靠近天线，以研制出具有高度灵活性、开放性的新一代无线通信系统。可以说这种平台是可用软件控制和再定义的平台，选用不同软件模块就可以实现不同的功能，而且软件可以升级更新。其硬件也可以像计算机一样不断地更新模块和升级换代。由于软件无线电的各种功能是用软件实现的，如果要实现新的业务或调制方式只要增加一个新的软件模块即可。同时，由于它能形成各种调制波形和通信协议，故还可以与旧体制的各种电台通信，大大延长了电台的使用周期，也节约了成本支出。

二、作用

SDR针对构建多模式、多频和多功能无线通信设备的问题提供有效而安全的解决方案。

SDR能够重新编程或重新配置，从而通过动态加载新的波形和协议可使用不同的波形和协议操作。这些波形和协议包含各种不同的部分，包括调制技术、在软件中定义为波形本身的一部分的安全和性能特性。

三、软件无线电的特点

软件无线电的主要特点归纳如下：

（1）具有很强的灵活性。软件无线电可以通过增加软件模块，很容易地增加新的功能。它可以与其他任何电台进行通信，并可以作为其他电台的射频中继。可以通过无线加载来改变软件模块或更新软件。为了减少开支，可以根据所需功能的强弱，取舍选用的软件模块。

（2）具有较强的开放性。软件无线电由于采用了标准化、模块化的结构，其硬件可以随着器件和技术的发展而更新或扩展。软件也可以随需要而不断升级。软件无线电不仅能和新体制电台通信，还能与旧式体制电台相兼容。这样，既延长了旧体制电台的使用寿命，也保证了软件无线电本身有很长的生命周期。

参考文献

[1] 张传福，赵立英，张宇，等. 5G 移动通信系统及关键技术［M］. 北京：电子工业出版社，2018.

[2] 宋铁成，宋晓勤，朱彤. 移动通信技术［M］. 北京：人民邮电出版社，2018.

[3] 俞一帆，任春明，阮磊峰. 5G 移动边缘计算［M］. 北京：人民邮电出版社，2018.

[4] 张轶，王助娟，肖适. 现代移动通信原理与技术［M］. 北京：机械工业出版社，2018.

[5] 周先军. 5G 通信系统［M］. 北京：科学出版社，2018.

[6] 续欣，刘爱军，汤凯. 卫星通信网络［M］. 北京：电子工业出版社，2018.

[7] 许书君. 移动通信技术及应用高职［M］. 西安：西安电子科技大学出版社，2018.

[8] 彭木根. 5G 无线接入网络雾计算和云计算［M］. 北京：人民邮电出版社，2018.

[9] 刘毅. 5G 移动通信网络技术详解［M］. 北京：机械工业出版社，2019.

[10] 张功国，李彬，赵静娟. 现代 5G 移动通信技术［M］. 北京：北京理工大学出版社，2019.

[11] 严晓华，包晓蕾. 现代通信技术基础［M］. 北京：清华大学出版社，2019.

[12] 汪丁鼎，许光斌，丁巍. 5G 无线网络技术与规划设计［M］. 北京：人民邮电出版社，2019.

[13] 陈鹏. 5G 移动通信网络［M］. 北京：机械工业出版社，2020.

[14] 张传福. 5G 移动通信网络规划与设计［M］. 北京：人民邮电出版社，2020.

[15] 章坚武. 移动通信［M］. 西安：西安电子科技大学出版社，2020.

[16] 葛晓虎，赖槿峰，张武雄. 5G 绿色移动通信网络［M］. 北京：电子工业出版社，2017.

[17] 曾沂粲，厉萍，陈浩林. 移动通信网络规划［M］. 延吉：延边大学出版社，2017.

[18] 虞贵财. 移动通信［M］. 成都：电子科技大学出版社，2017.

[19] 章坚武. 移动通信［M］. 西安：西安电子科技大学出版社，2017.

[20] 卢晶琦，孟庆元. 移动通信理论与实战［M］. 西安：西安电子科技大学出版社，2017.

[21] 王洪雁，裴炳南. 移动通信关键技术研究［M］. 长春：吉林大学出版社，2017.

[22] 陈敏. 5G 移动缓存与大数据 5G 移动缓存、通信与计算的融合［M］. 武汉：华中科

技大学出版社，2018.

[23] 朱刚，陈霞，沈超. 轨道交通宽带移动通信系统无线资源管理 ［M］. 北京：北京交通大学出版社，2018.

[24] 田广东. 现代通信技术与原理 ［M］. 北京：中国铁道出版社，2018.

[25] 周苏，王文. 大数据时代移动商务 ［M］. 北京：中国铁道出版社，2018.

[26] 胡国华，陈玉胜，马劲松. 移动通信技术原理与实践 ［M］. 武汉：华中科技大学出版社，2019.

[27] 啜钢. 移动通信原理与系统第 4 版 ［M］. 北京：北京邮电大学出版社，2019.

[28] 朱惠斌，郭明杰，蔡小勇. 5G 时代建筑天线一体化研究 ［M］. 广州：华南理工大学出版社，2019.

[29] 刘光毅，方敏，关皓. 5G 移动通信 ［M］. 北京：人民邮电出版社，2019.

[30] 刘毅，刘红梅，张阳. 深入浅出 5G 移动通信 ［M］. 北京：机械工业出版社，2019.

[31] 岳胜，于佳，苏蕾. 5G 无线网络规划与设计 ［M］. 北京：人民邮电出版社，2019.

[32] 万芬，余蕾，况璟. 5G 时代的承载网 ［M］. 北京：人民邮电出版社，2019.

[33] 周悦，马强. 移动通信入门 ［M］. 北京：电子工业出版社，2019.

[34] 陈山枝，王胡成，时岩. 5G 移动性管理技术 ［M］. 北京：人民邮电出版社，2019.

[35] 罗成，程思远，江巧捷. 5G 承载关键技术与规划设计 ［M］. 北京：人民邮电出版社，2019.